解きながら学ぶ

Pythonつみあげ
トレーニングブック

リブロワークス 著　株式会社ビープラウド 監

マイナビ

誌面のプログラムについて

本書では、プログラムを以下のような形式で掲載しています。「xx_x_x.py」というファイル名が左上に付いている場合は、実際に入力して実行しながら進めてください。なお、プログラムの左端の 3 桁の数字は行番号なので、入力は不要です。

```
❯ c2_1_1.py
001    print(64)
002    print(3.25)
003    print('Hello')
```

実行方法としては、P.19 に掲載されている、IDLE を使って新規ファイルを作成し、名前を付けて実行する方法を推奨とします。同名の python ファイルは、以下に記載するサポートサイトからダウンロードできますので、うまくいかない時にはそちらで実行したり、中のプログラムを比較するなどして確認してください。

本書のサポートサイト

本書のサンプルプログラム、補足情報、訂正情報などを掲載してあります。適宜ご参照ください。

https://book.mynavi.jp/supportsite/detail/9784839975951.html

- 本書は 2021 年 6 月段階での情報に基づいて執筆されています。本書に登場するソフトウェアやサービスのバージョン、画面、機能、URL、製品のスペックなどの情報は、すべてその原稿執筆時点でのものです。執筆以降に変更されている可能性がありますので、ご了承ください。

- 本書に記載された内容は、情報の提供のみを目的としております。したがって、本書を用いての運用はすべてお客様自身の責任と判断において行ってください。

- 本書の制作にあたっては正確な記述につとめましたが、著者や出版社のいずれも、本書の内容に関してなんらかの保証をするものではなく、内容に関するいかなる運用結果についてもいっさいの責任を負いません。あらかじめご了承ください。

- 本書中の会社名や商品名は、該当する各社の商標または登録商標です。本書中では ™ および ® マークは省略させていただいております。

はじめに

　ここ数年のPythonブームで、Pythonの入門書が数多く出版されました。本書もその中の1冊ですが、他にない特徴として、文法を解説するセクションのあとに「ミッション」というページを設けています。「ミッション」は簡単にいえば問題集なのですが、その目的とするのは「プログラムをすばやく理解する反射神経」を身に着けることです。

　「プログラムはじっくり考えて作るもので、反射神経は関係ないんじゃないの？」と思われるかもしれません。確かに全体設計などじっくり考える部分もありますが、本書で説明するような基礎文法は、一瞬で把握できるのが理想です。「どこが変数でどこが関数・メソッドか」「式内の演算子が処理される順番」「行が実行される順番」などでいちいち考え込んでいたら、いつまで経ってもプログラムを理解できません。

　逆にいうと、基本文法レベルの読解が一瞬でできるようになれば、「プログラムの構造を理解して設計する」という一段上の部分に頭と時間を割けるようになります。外国語の本を読むときに、文法でつまずかないようになれば、内容の理解が早まるのと同じことです。

　そこで本書のミッションでは、「式を見て演算子の処理順を書き込め」といった、ルールがわかっていれば簡単に解ける問題をいくつも出題し、反復訓練によってより速く解答できることを目指しました。

　また、終盤の9、10章は、入門書のその先を目指した内容となっています。入門書を卒業して、自分でプログラムを書くレベルに達するために必要なのは、次の2つのスキルです。

・公式ドキュメントの解説を読んで、自力で知識を増やせる
・エラーメッセージを読んで、解決方法を見つけられる

　そのスキルを身に付けるために、9章ではPythonドキュメントの読み方といくつかのライブラリの使い方を解説し、10章では主なエラーメッセージの紹介と、エラー原因を探すミッションを出題しています。どちらのスキルも自力でプログラムを開発するためには欠かせないものです。難しそうだからと敬遠せずに、ぜひ取り組んでください。

　本書が、脱「Python入門」を目指す、皆さまの一助となれば幸いです。

　本書の執筆にあたっては、株式会社ビープラウド　鈴木たかのり様、altnight様、西川公一朗様に監修していただき、情報の正誤に留まらず、さまざまな幅広いご指摘をいただきました。

　この場を借りて、厚く御礼申し上げます。

2021年6月　リブロワークス

3

もくじ

1章 トレーニングを始める前に

2章 基本的なデータと計算

3章 命令と条件分岐

4章　データの集まり

5章　処理を繰り返す

9章 ドキュメントとライブラリ

10章 エラーと例外処理

ミッションページの使い方

　ミッションページは紙面に直接書き込む形を想定した問題集となっています。解答方法は、番号を書き込むもの、選択肢から選ぶものなどミッションごとに異なり、ミッション上部に解き方を示しています。

　ミッションの解答は巻末の P.227 に掲載しています。正しいかどうかを確認するだけでなく、間違えた場合はその理由も考えてください。

問題の解答方法を示しています。
赤字で示したように答えを書き込んでください。

「達成目標」は経験者であればこのぐらいの秒数で解けるはずという目安です。できれば何度か挑戦して、目標値を切ることを目指してください。

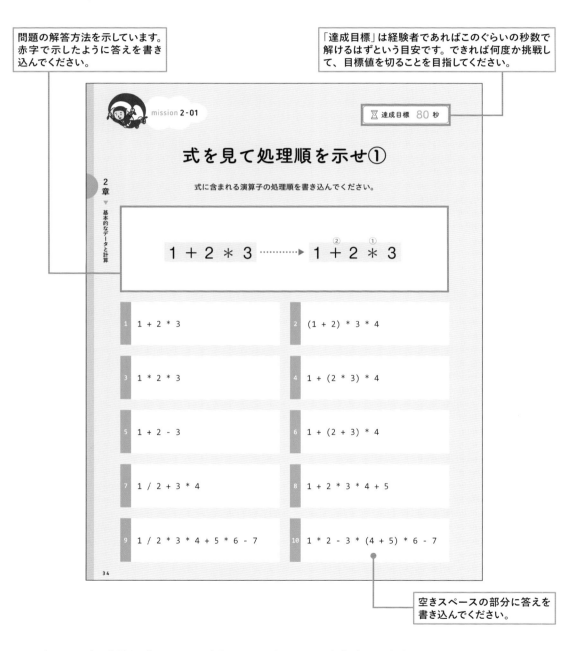

空きスペースの部分に答えを書き込んでください。

※サンプルファイル（P.2 参照）と一緒に、ミッション部分の PDF を配布しています。何度か解きたい場合はプリントアウトしてご利用ください。

1章

トレーニングを始める前に

Pythonのトレーニングを始める前に、Pythonのインストールといったプログラミング環境の準備をしましょう。章の後半では、本格的なプログラム開発に使われるツール類も紹介しているので、慣れてきたらそちらにも挑戦してみてください。

SECTION 01 Python学習のポイント

国内では機械学習やデータサイエンスのブームと共に注目を集めたPythonは、
初学者用のプログラミング言語としても一気に普及しつつあります。

「読みやすさ」に力を入れたプログラミング言語

Python（パイソン）は1990年初頭に登場したプログラミング言語ですが、日本では機械学習やビッグデータのブームと共に2010年代後半から注目を集めるようになりました。興味深いのは、機械学習やビッグデータという分野だけでなく、**はじめてのプログラミング入門用の言語**としての採用が多いことです。Pythonを対象とした資格も登場しており、学校の情報教科書での採用も増えています。

入門用に選ばれる理由の1つに、Pythonが**「プログラムの読みやすさ」を重視している**点があります。いいかえると、誰が読んでも迷わないように文法の簡潔さが保たれており、**誰が書いても書き方が同じになる**よう工夫されています。

実はこの特徴、プログラミングの世界では当たり前ではありません。文法の自由度が高く、開発者が好きなように異なる書き方ができることをウリにしている言語もあるのです。自由度が高いほうが開発効率が上がる場合もあるのですが、入門者視点に限定すると、書き方がいろいろあるのは学習の障壁になってしまいます。その点でPythonは入門に最適です。

Pythonのロゴは2匹のヘビ。忍者もヘビを使うのは得意だぞ

いろいろな書き方ができる

書きやすいスタイルで書くよ

書き方A
書き方B
書き方C

熟練者

書き方がちょっとずつ違う……？

入門者

書き方は基本同じ

1つの書き方

あ、こう書けばいいんだ

熟練者　入門者

POINT

Pythonでも常に1通りの書き方しかできないわけではないのですが、他のプログラミング言語と比較しての話です。

「読みやすさ重視」という方針のもう1つの表れとして、**ドキュメント化**（プログラムの解説文書を作ること）が推奨されています。本書の9章で触れますが、Python公式サイトのドキュメントは、プログラミング言語に付属するものの中では充実しているものの1つです。

Pythonでできること

日本では、Pythonは機械学習やデータサイエンスなどの新技術と共に注目を集めましたが、それらの専用言語というわけではありません。もともと汎用のプログラミング言語として大学などで使われていたことから科学計算などに使う機能が充実し、それがやがて機械学習などに発展していったのです。実際にはPythonの用途は非常に幅広く、できないことから数えたほうが早いぐらいです。

- 機械学習などのAI処理
- データ分析（データサイエンス）
- 科学技術計算
- スクレイピング
- 自然言語解析
- さまざまなファイル操作
- 画像加工
- Excelファイルの編集
- データベースの操作
- Webアプリ（サーバーサイド）の開発
- デスクトップ（GUI）アプリの開発
- マイコンなどの組み込み開発

Pythonの多機能さを支えているのは、プログラムに機能を追加できる**ライブラリ**の多さです。ライブラリはPythonのプログラムに、モジュールまたはパッケージという形で機能を追加し、「Pythonでできること」を増やします。上でリストアップした「機械学習」「データ分析」「スクレイピング」などのさまざまな処理も、ライブラリを使えば簡単に実現できます。

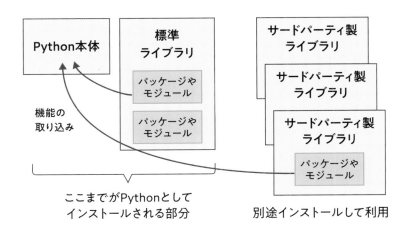

機能の取り込み

ここまでがPythonとしてインストールされる部分

別途インストールして利用

POINT

あえてPythonが得意でないことを挙げると、スマホアプリの開発、OSの開発などがあります。できないわけではありませんが、他の言語が使われることが多いです。

1章 ▼ トレーニングを始める前に

ライブラリとは「図書館」のこと。Pythonの本がたくさん借りられる図書館かな？

POINT

Pythonに標準で付属しないサードパーティ製ライブラリは、専用のコマンドでインストールします。詳しくは9章で解説します。

本書の読み進め方

本書は「**反復訓練**」を重視した構成を取っています。プログラミングにおいて、論理的な思考力や設計力が大事なのは確かにそうなのですが、それ以前の基礎力として**プログラム（ソースコード）を正しく読み解く能力**が必要です。ソフトウェアエンジニアなどプログラムを書ける人たちは、言語の文法的な意味なら意識せずに瞬時に理解できます。その力を訓練するために設けたのが、各セクションの後にある**ミッション**です。

たとえば以下のページは、「演算子の優先順位」というものを解説したページです。計算に使う記号がその種類によって処理順が変わるというルールで、2章で登場します。こうしたルールは、プログラムに慣れてくれば一瞬で読み解けるものです。

POINT

プログラミング言語で書かれたテキストのことを「ソースコード (Source Code)」といいます。本書では「プログラム」で通しますが、ソースコードのことを指すと考えてください。

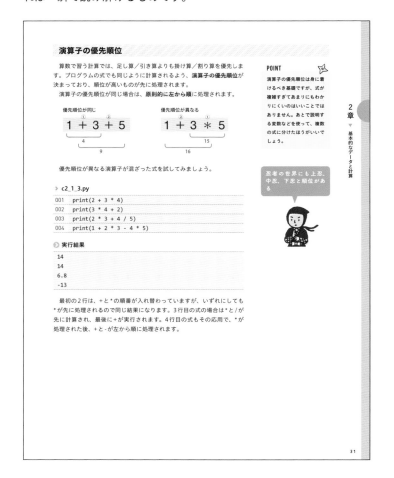

そこで優先順を一瞬で読み解く力を付けるために、セクションの最後に、**式を見て演算子の処理順を示すミッション**を設けています。セクション内で説明したルールが身に付いていれば、深く考える必要もなく解ける問題です。慣れた人なら数秒で全問回答できるでしょう。

POINT

解説を読んでチュートリアルをその通りに実行しても、「わかった気になっている」だけで理解できていないことはよくあります。本来は実践の中で理解を深めていくものですが、その代わりとなるのが本書のミッションです。

本書では、このような「わかっていればすぐに解ける問題」をたくさん出題します。実際に解いてみて、解答ページを読んで答え合わせをしてください。可能であれば、「達成目標」に近くなるまで何度か解いてみてください。ほとんど考えずに一瞬で解ける状態がベストです。

基礎の部分で迷うことが少なければ、より上級な論理的な思考力や、アルゴリズムの検討、さまざまなライブラリの使いこなしなどに集中できるようになります。そのためにも、本書で基礎力を磨いてください。

忍者も日々の特訓の結果、何も考えずに分身の術とか使えるぞ

SECTION 02 Pythonのインストール

Pythonはいくつかの方法でインストールできますが、ここではPython公式サイトからのインストール方法を解説します。

Windowsへのインストール

Pythonを利用するには、プログラムを動かすためのインタプリタなどが必要です。Python公式サイトからインストールしましょう。インストールが完了すると、コマンドプロンプトからPythonプログラムを実行するための**Pythonコマンド**や、簡易的な開発・学習環境の**IDLE（アイドル）**、**標準ライブラリ**などが利用可能になります。

WebブラウザでPython公式サイトのダウンロードページを表示し、ダウンロード操作を行います。

> インタプリタとは「通訳」のこと。プログラミング言語を解読して、コンピュータに指示を与えるソフトウェアを指す

1 ［Download Python 3.9.x］をクリックしてファイルをダウンロード

2 ［Add Python 3.9 to PATH］をチェック

3 ［Install Now］をクリック

参考URL

Python公式ダウンロードページ
https://www.python.org/downloads/

POINT

紙面ではPython 3.9.5を利用しますが、3.9台の新しいバージョンでも問題ありません。

macOSへのインストール

macOSでも同様にPython公式サイトからダウンロードしますが、ファイルを選択するページが表示された場合は、「Intel installer」か「universal2 installer」のどちらかを選んでダウンロードしてください。

M1チップを搭載したMacを使っている人は、「universal2 installer」を選ぼう

1 [macOS 64-bit Intel installer]をクリックしてファイルをダウンロード

ダウンロードしたファイルをダブルクリックしてインストールを進めます。一般的なアプリのインストールとそう変わりはありません。

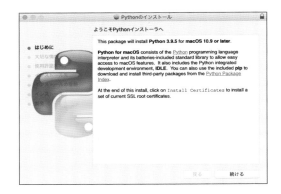

インストールが完了すると［アプリケーション］フォルダにPython 3.9のフォルダが追加されます。この時点で「Install Certificates.command」をダブルクリックして、SSL証明書をインストールしておいてください。

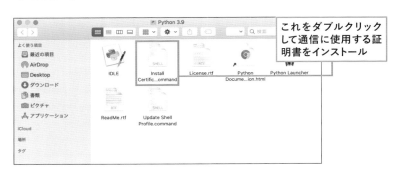

これをダブルクリックして通信に使用する証明書をインストール

POINT

「Install Certificates.command」は、インターネットとの通信時に使用するSSL証明書をインストールします。サードパーティ製ライブラリのインストール時などに使用されます。

IDLEでプログラムを実行する

Pythonには「IDLE」という開発ツールが付属しています。使い方がシンプルなので、すぐに学習したい場合は最適です。本書でも主にIDLEを使用します。

IDLEとは

IDLE（アイドル）はPythonに付属する開発ツールです。プログラムを対話モードで実行できる**シェルウィンドウ**と、プログラムファイルを編集する**エディタウィンドウ**から構成されています。Pythonのインストールが完了すると、WindowsのスタートメニューやmacOSの［アプリケーション］フォルダから起動できます。

注意

IDLEからPythonのプログラムを実行した場合、コマンドプロンプトなどで実行した場合より少し速度が落ちます。学習用には向いていますが、本格的に使う段階では別の方法を利用してください。

Windowsはスタートメニューから起動

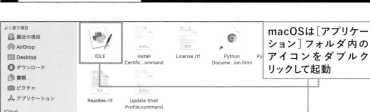

macOSは［アプリケーション］フォルダ内のアイコンをダブルクリックして起動

起動すると「IDLE Shell 3.9.x」というタイトルのウィンドウが表示されます。これがシェルウィンドウです。

「シェル（Shell）」には貝殻という意味もあるけど、果物の種の殻（から）が語源らしい

「>>>」という表示を**プロンプト**といい、ここにPythonの命令などを入力できます。

シェルウィンドウの対話モードを利用する

シェルウィンドウでは、Pythonのプログラムを1文ずつ入力して実行することができます。この実行方法をPythonの**対話モード**といいます。試しに電卓のように計算を行ってみましょう。「数値 計算記号 数値」を並べた計算式を入力してください。

1章

▼

トレーニングを始める前に

POINT

シェルとは、文字のコマンドを受け取って、文字で結果を返すソフトウェアのことです。シェルを利用するアプリには、Windowsのコマンドプロンプトやターミナルがあります（P.23参照）。ただし、IDLEのシェルウィンドウで実行できるのはPythonのプログラムだけです。

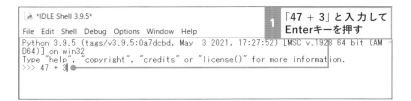

1 「47 + 3」と入力してEnterキーを押す

2 計算結果の「50」が表示される

計算結果が表示されると、新しいプロンプトが表示されます。ここで新しいプログラムを入力できます。次は「'A' * 20」と入力してみてください。

1 「'A' * 20」と入力してEnterキーを押す

2 「A」が20個表示される

これらの意味は2章で説明するぞ

エディタウィンドウでプログラムファイルを開く

1章

▼

トレーニングを始める前に

シェルウィンドウは命令の動作などを手軽に調べたい時に役立ちますが、本格的に複数行のプログラムを作るには向いていません。そういう場合は、IDLEの**エディタウィンドウ**を利用します。

IDLEのウィンドウのメニューから [File] → [New File] を選択すると新規のエディタウィンドウが表示されます。また、[File] → [Open] を選択するとPythonのプログラムファイルを開くことができます。本書のサンプルファイル（P.2）を開いてみましょう。

メニューの横に書いてある「Ctrl+O」とかはショートカットキー。覚えるとすばやく操作できるぞ

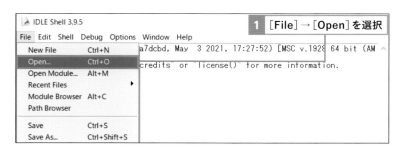

1 [File] → [Open] を選択

2 ファイルを選択

3 [開く]をクリック

POINT

Pythonのプログラムファイルは「.py」という拡張子が付いたテキストファイルです。

4 プログラムファイルが開かれた

プログラムファイルを実行するには、[Run] → [Run Module] を選択します。結果はシェルウィンドウに表示されます。

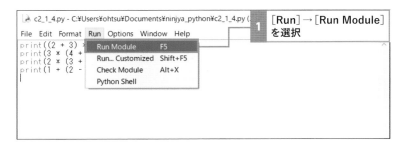

1 [Run] → [Run Module] を選択

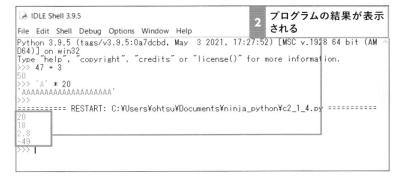

2 プログラムの結果が表示される

書籍のプログラムを自分で入力して試したい場合は、[File] → [New File] を選択して新規ファイルを作成し、プログラムを入力して [File] → [Save] を選択して名前を付けて保存してから実行してください。

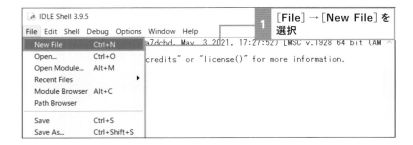

1 [File] → [New File] を選択

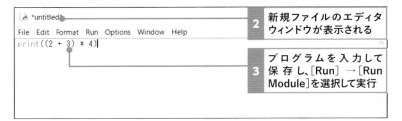

2 新規ファイルのエディタウィンドウが表示される

3 プログラムを入力して保存し、[Run] → [Run Module] を選択して実行

注意

実行するファイルはどれでもかまいませんが、9章後半のサードパーティ製ライブラリを使用したプログラムは、先にパッケージのインストールを行わないと実行できません。また10章のサンプルは説明用にわざとエラーを含めています。それら以外のものを使ってください。

この本はこのページで紹介した方法でサンプルプログラムを実行する想定で解説していくぞ

POINT

プログラムファイルの保存場所はどこでもかまいません。本書では [ドキュメント] フォルダ内に [ninja_python] フォルダを作成してその中に保存したことにしますが、他の場所でも大丈夫です。

SECTION 04 VSCodeやコマンドラインを利用する

ここではテキストエディタのVSCodeや、コマンドプロントを利用したプログラムの実行方法を解説します。開発に慣れてきたら試してみてください。

VSCodeを使ってみよう

VSCode（Visual Studio Code）は高い人気を誇るテキストエディタで、無料ながらPythonをはじめとするさまざまなプログラミング言語に対応しています。Pythonでの開発を支援する**拡張機能**が用意されており、入力中に文法やコーディング規約のチェックがリアルタイムで行われ、テキストエディタ上でプログラムを実行することもできます。

本書ではIDLEでの学習を想定していますが、VSCodeの利用方法を簡単に紹介します。まずは公式サイトからインストーラーをダウンロードして、インストールを行ってください。いくつか画面が表示されますが、初期状態のまま［次へ］をクリックしていけば大丈夫です。

> この本はIDLEだけでも学習できるから、すぐに2章に進んでもOKだよ

1 ［Download for Windows］をクリックしてファイルをダウンロード

2 ダウンロードしたファイルをダブルクリックしてインストールを開始する

参考URL

VSCodeダウンロードページ
https://code.visualstudio.com/

POINT

コーディング規約とは、望ましいプログラムの書き方を定めたルールです。Pythonでは「PEP8」という規約が標準で定められています。VSCodeを使うと、自然とPEP8に沿ったプログラムを書くことができます。

インストールが完了したらVSCodeが自動的に起動します。

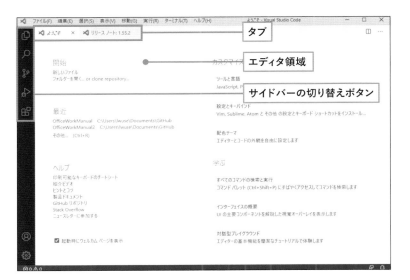

注意

VSCodeはインストール時点で日本語化されていますが、拡張機能をインストールする際に英語表示に切り替わってしまうことがあります。その場合は Ctrl + Shift + P キーを押してコマンドパレットを表示し、「Configure Display Language」と入力して Enter キーを押してください。選択肢から「ja」を選択すると、日本語表示に切り替わります。

1章
▼
トレーニングを始める前に

Pythonのプログラムを開いて実行する

Pythonのプログラムを開いて実行しましょう。その際はVSCodeの「フォルダーを開く」機能を使うのがおすすめです。フォルダ内のファイルが一覧表示されるので、すばやく切り替えながら操作できます。

1 ［ファイル］→［フォルダーを開く］を選択

POINT

はじめてPythonのプログラムを開いた際などに、自動的にPython用の拡張機能がインストールされます。

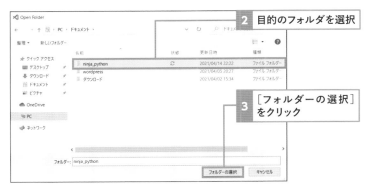

2 目的のフォルダを選択

3 ［フォルダーの選択］をクリック

POINT

VSCodeは複数のファイルを同時に開き、タブで切り替えながら操作できます。また、Python用拡張機能の働きで、入力中に問題点を指摘し、保存時にコーディング規約に沿った整形をします。

ファイルを開いたら、VSCode上で実行することができます。

POINT

[実行]→[デバッグなしで実行]を選択すると、途中で[Python File……]を選ぶ操作をスキップしてすぐに実行結果が表示されます。

これでIDLEと同じようにプログラムを開いて実行できました。機能が多すぎて戸惑う面もありますが、慣れてくれば非常に便利です。

コマンドラインでプログラムを実行する

Pythonのプログラムは、**コマンドライン**を利用して実行することも少なくありません。コマンドラインとは文字の「コマンド」を入力して文字で結果を受け取るユーザーインターフェースのことで、Windowsでは**コマンドプロンプト**や**PowerShell**、macOSでは**ターミナル**があります。

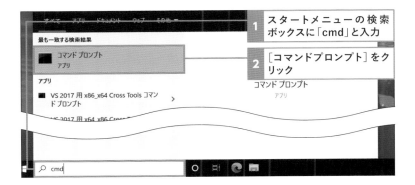

1 スタートメニューの検索ボックスに「cmd」と入力

2 [コマンドプロンプト]をクリック

コマンドプロンプトでPythonのプログラムを利用するには、**python コマンド**を利用します。「python」のみで実行すると対話モードになります。対話モードの画面を見ると、IDLEのシェルウィンドウと同じものが表示されています。使い方も同じです。

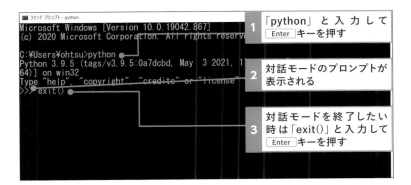

1 「python」と入力して Enter キーを押す

2 対話モードのプロンプトが表示される

3 対話モードを終了したい時は「exit()」と入力して Enter キーを押す

対話モードではなく、プログラムファイルを実行したい場合は、そのファイルが保存されている場所に移動しなければいけません。cdというコマンドで移動できます。[ドキュメント]フォルダ内の[ninja_python]フォルダに移動してみましょう。当然ながらその場所に[ninja_python]フォルダがないとエラーになるので、事前にダウンロードしたサンプルファイル（P.2参照）を展開して用意しておいてください。

POINT

最新のWindows 10には「Windowsターミナル」というコマンドラインツールが追加されました。タブごとにコマンドプロンプトやPowerShell、WSL（Linuxシェル）などを使い分けることができます。

POINT

pythonコマンドは、公式サイトからインストールしたPythonインタプリタの本体です。VSCodeなどもpythonコマンドを利用してプログラムを実行しています。

「python ファイル名」形式のプログラム実行方法は、IDLEでいうと、ファイルを開いて F5 キーを押して実行する操作に相当する

23

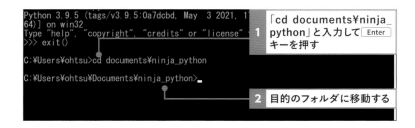

cdはChange Directory の略だ

pythonコマンドに続けて、半角空けて実行したいプログラムのファイル名を入力します。

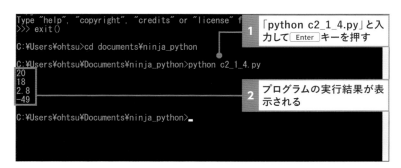

注意

「python」と「ファイル名」の間を半角空けないと、ひと続きのファイル名とみなされてしまいます。

Windows版のPythonには**Pythonランチャー**（py.exe）というプログラムが付属しており、こちらでもPythonのプログラムを実行できます。pythonコマンドと異なるのは次の2点です。

・インストール時にパス（P.14参照）を設定していなくても利用できる
・複数バージョンのPythonをインストールしていた場合、利用するバージョンを指定できる

バージョンを指定して実行するには「py -バージョン ファイル名」と入力します。次の例は、Python 3.7を指定して実行したものです（3.7がインストールされている必要があります）。

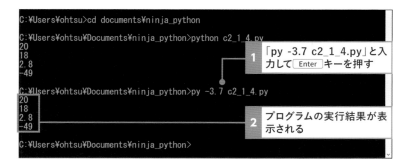

macOSのコマンドラインを利用する

macOSの場合は**ターミナル**を利用します。Launchpadなどからターミナルを起動します。

Windowsと同様にpythonコマンドを使用しますが、macOSの場合は標準でPython 2.xがインストールされており、pythonコマンドだけを実行するとそちらが実行されてしまいます。そのため、「python3」のように3.xを使用するよう指定しなければいけません。

注意

本書ではIDLEを中心に解説するため、pythonコマンドを実行することはありませんが、実行する場合は「python3」を利用してください。

実際に試してみましょう。cdコマンドで［ドキュメント］フォルダ内の［ninja_python］フォルダに移動します。

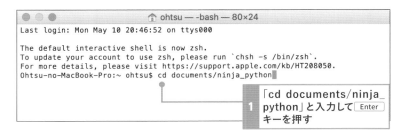

Windowsではフォルダの区切りは「¥（円マーク）」だけど、macOSでは「/（スラッシュ）」だ

「python3 ファイル名」の形で入力して実行します。

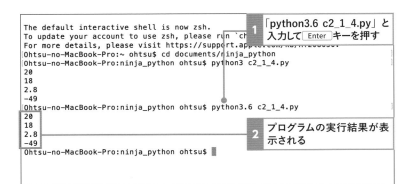

macOS 版の Python では、Python ランチャーのような別プログラムを使わずに実行バージョンを指定できます。「python3」では 3.x の一番新しいバージョンで実行されるので、「python3.6」のように具体的なバージョンを指定します。

注意

「python」と「3.6」の間は空けないでください。また、当然ながら Python 3.6 がインストールされていないと実行できません。

レポート作成が目的なら Jupyter Notebook もおすすめ

Python の実行方法としては、Jupyter Notebook（ジュピター・ノートブック）も有名です。これはサードパーティ製ツールの 1 つで、Web ブラウザ上で対話モードを実行するような形式になっています。Python のプログラムとその実行結果に加えて、Markdown という形式で文章も書き込めるため、研究レポートの作成などによく使われています。

Jupyter Notebook を利用した Google Colaboratory（グーグル・コラボレイトリー）というオンラインサービスがあるので、どんなものか知りたい方は参照してみてください。

・**Google Colaboratory**
https://colab.research.google.com/notebooks/welcome.ipynb?hl=ja

2章

基本的なデータと計算

いよいよ Python を学んでいきます。数値を計算したり、画面に文字を表示することを通して、プログラミングを基礎から身に付けましょう。

SECTION 01 数値と演算子で計算する

プログラムは命令とデータでできています。ここでは基礎中の基礎として、数値というデータと、それを使った計算のやり方を説明します。

データと命令

プログラムはコンピューターに対する命令の集まりですが、データがなければ何もできません。数値がなければ計算はできませんし、画面に何かを表示するにしても、文字や画像が必要です。

データ 命令
128 4050
8
6 -5

と → 何かの結果

> 忍者も命令だけだとツライ。優しさがほしい

プログラムで扱うデータのことを**値（あたい）**といいます。値にはいろいろな種類があるのですが、ここでは最も基本的な**数値**と**文字列**について説明しましょう。

数値と文字列

数値には、小数点以下を持たない**整数（int型の値）**と、小数点以下を持つ**浮動小数点数（float型の値）**があります。文字列は文字が並んだデータのことで、前後に**シングルクォート（'）**か**ダブルクォート（"）**を付けます。

数値と文字列だけのプログラムを書いて実行してみましょう。

POINT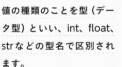

値の種類のことを型（データ型）といい、int、float、strなどの型名で区別されます。

> c2_1_1.py

001	64 ·················	整数
002	3.25 ·················	浮動小数点数
003	'Hello' ·················	文字列

実行してエラーにならないことから問題がないことはわかりますが、画面には何の結果も表示されません。画面に何かを表示するには**print関数（プリントかんすう）**を使います。数値や文字列の前に「print(」を、あとに「)」を入力して、もう一度実行してください。

POINT

プログラムを実行する際は、P.19を参考に新規ファイルを作成し、プログラムを入力、保存してから実行してください。

> c2_1_1.py

```
001  print(64)
002  print(3.25)
003  print('Hello')
```

実行すると、print関数のカッコ内に書いた値が表示されます。

 実行結果

```
64
3.25
Hello
```

注 意

プログラム中の数値はカンマ区切りにしてはいけません。カンマが、桁区切り以外の用途で使われているからです。桁区切りが必要な場合は、「_(アンダースコア)」を使って「1_000_000」のように書きます。

> **数値の指数表記**
>
> 　科学計算などで桁が非常に多い数値が必要な場合、指数表記を使うこともできます。「仮数e指数」の形で書き、「3e-3」であれば3×10のマイナス3乗なので「0.003」を表します。

数値で演算する

　計算をしたい場合は、「+（プラス）」や「-（マイナス）」などの記号を使います。計算に使う記号のことを**演算子（えんざんし）**といい、値や演算子などを組み合わせたもののことを**式（しき）**といいます。

・ **計算に使用する演算子**

演算子	働き	例
+	足し算	5 + 2
-	引き算	5 - 2
*	掛け算	5 * 2
/	割り算	5 / 2
//	割り算（小数点以下切り捨て）	5 // 2
%	割り算の余り（剰余）	5 % 2
**	べき乗	5 ** 2

　×（掛ける）の代わりに「*（アスタリスク）」、÷（割る）の代わりに「/（スラッシュ）」が使われます。

演算子は「計算しろ」という命令だ

実際にプログラムで計算してみましょう。print関数のカッコ内に演算子を使った式を書きます。実行すると、式を計算した結果が表示されます。

▶ c2_1_2.py

```
001  print(5 + 2) ·········· 足し算
002  print(5 - 2) ·········· 引き算
003  print(5 * 2) ·········· 掛け算
004  print(5 / 2) ·········· 割り算
005  print(5 // 2) ········· 割り算（小数点以下切り捨て）
006  print(5 % 2) ·········· 割り算の余り
007  print(5 ** 2) ········· べき乗
```

▶ 実行結果

```
7
3
10
2.5
2
1
25
```

上のプログラムでは演算子の左右に半角スペースを空けています。スペースがなくても動作に影響はありませんが、PEP8というコーディング規約（P.20参照）で推奨された書き方です。

POINT

「/」で割り算すると、結果は浮動小数点数になります。「//」で割り算すると、結果は整数になります。ちなみに、浮動小数点数は、小数点の位置が移動することから付けられた名前です。

参考URL

PEP 8 -- Style Guide for Python Code（英語）
https://www.python.org/dev/peps/pep-0008/

対話モードで計算を試す

ちょっとした計算をしたい場合は、Pythonの対話モード（P.17参照）を使うと便利です。対話モードでは、print関数を使わなくても式の結果が表示できます。

```
IDLE Shell 3.9.1                                    −  □  ×
File  Edit  Shell  Debug  Options  Window  Help
Python 3.9.1 (tags/v3.9.1:1e5d33e, Dec  7 2020, 17:08:21) [MSC v.1927 64 bit (AM
D64)] on win32
Type "help", "copyright", "credits" or "license()" for more information.
>>> 64 * 5
320
>>> 8 / 5
1.6
>>> 8 // 5
1
>>>
```

演算子の優先順位

算数で習う計算では、足し算／引き算よりも掛け算／割り算を優先します。プログラムの式でも同じように計算されるよう、**演算子の優先順位**が決まっており、順位が高いものが先に処理されます。

演算子の優先順位が同じ場合は、**原則的に左から順**に処理されます。

優先順位が異なる演算子が混ざった式を試してみましょう。

POINT

演算子の優先順位は身に着けるべき基礎ですが、式が複雑すぎてあまりにもわかりにくいのはいいことではありません。あとで説明する変数などを使って、複数の式に分けたほうがいいでしょう。

忍者の世界にも上忍、中忍、下忍と順位がある

> **c2_1_3.py**

```python
001    print(2 + 3 * 4)
002    print(3 * 4 + 2)
003    print(2 * 3 + 4 / 5)
004    print(1 + 2 * 3 - 4 * 5)
```

実行結果

```
14
14
6.8
-13
```

最初の2行は、+と*の順番が入れ替わっていますが、いずれにしても*が先に処理されるので同じ結果になります。3行目の式の場合は*と/が先に計算され、最後に+が実行されます。4行目の式もその応用で、*が処理された後、+と-が左から順に処理されます。

次の図は、演算子などの記号の優先順位を表したものです。演算子など
の記号は計算用以外にもたくさんの種類があります。今回の計算式に使用
したものだと、* と / は、+ と - より順位が高いため、+ と - より先に処理さ
れます。

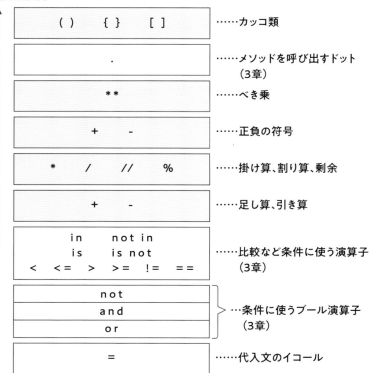

優先順位高

( )　　{ }　　　[ ]	……カッコ類
.	……メソッドを呼び出すドット（3章）
**	……べき乗
+　　　-	……正負の符号
*　　/　　//　　%	……掛け算、割り算、剰余
+　　　-	……足し算、引き算
in　　not in is　　is not < <= > >= != ==	……比較など条件に使う演算子（3章）
not and or	…条件に使うブール演算子（3章）
=	……代入文のイコール

参考URL

演算子の優先順位
https://docs.python.org
/ja/3.9/reference/expres
sion.html#operator-
precedence

　+ と - は正負の符号としても使われます。* と / よりも順位が高いため、
先に処理されます。ややこしそうですが、数学の式と同じと思えば戸惑う
ことはないはずです。

たくさんあるけど、計
算に関係するのは背景
色を付けたところだけ
だよ

- **負の数を含む式**

```
32 * -5
```

POINT

べき乗演算子 (**) は、正
負記号よりも優先順位が高
いですが、正負記号付きの
値がべき乗演算子の右にあ
る場合はそちらを優先しま
す。つまり、「10 ** -5」は
「10の-5乗」となります。

カッコを使って優先順位を変える

どうしても掛け算／割り算より足し算／引き算を先に処理する必要がある時は、カッコを使って優先順位を変えます。先ほどの優先順位の図を見ると、カッコ類の優先順位が一番高くなっています。そのため、カッコ内の処理は他より先になります。

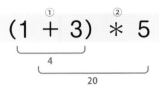

カッコを使って、優先順位を変えてみましょう。

POINT

カッコ内にカッコを入れた場合は、内側のものほど優先されます。

> c2_1_4.py

```
001    print((2 + 3) * 4)
002    print(3 * (4 + 2))
003    print(2 * (3 + 4) / 5)
004    print(1 + (2 - 3 * 4) * 5)
```

 実行結果

```
20
18
2.8
-49
```

4行目の式はカッコ内に複数の演算子を含む式があるので、少し複雑に感じます。この場合はまずカッコ内の「2 - 3 * 4」を優先順位に沿って計算し、-10という答えを出します。次に「1 + -10 * 5」を計算して答えは-49となります。

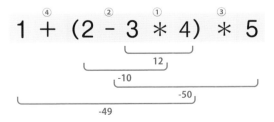

とにかくカッコ内が優先と覚えておこう

POINT

カッコ類や.（ピリオド）などは、演算子ではなくデリミタ（区切り文字）と呼ばれます。式や文を区切り、範囲を定める働きを持ちます。

mission **2-01**

⏳ 達成目標 **80** 秒

式を見て処理順を示せ①

式に含まれる演算子の処理順を書き込んでください。

2章 ▼ 基本的なデータと計算

$$1 + 2 * 3 \quad \cdots\cdots\blacktriangleright \quad 1 \underset{②}{+} 2 \underset{①}{*} 3$$

---

1 1 + 2 * 3

2 (1 + 2) * 3 * 4

3 1 * 2 * 3

4 1 + (2 * 3) * 4

5 1 + 2 - 3

6 1 + (2 + 3) * 4

7 1 / 2 + 3 * 4

8 1 + 2 * 3 * 4 + 5

9 1 / 2 * 3 * 4 + 5 * 6 - 7

10 1 * 2 - 3 * (4 + 5) * 6 - 7

式を見て計算結果を示せ①

式を見て処理順に計算し、結果を書き込んでください。

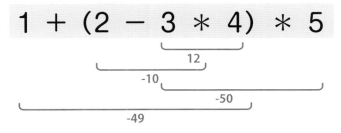

1	1 + (2 * 3) * 4	2	1 / 2 + 3 * 4
3	1 / 2 * 3 + 4 + 5 * 6 - 7	4	1 * 2 - 3 * (4 + 5) * 2 - 7
5	1 + (2 * 3) * (4 + 5) * 2	6	(1 + 2) - 3 * (4 - 5) * 6

SECTION
02

変数に値を記憶させる

値に名前を付けて記憶する「変数」という仕組みを説明します。「変数」を使うことで、効率的にプログラムを書くことができます。

変数とは

プログラムの中で繰り返し登場する値は、**変数（へんすう）** という入れ物に入れておくと、変数名を使って他の行で利用できます。効率的にプログラムを書くために欠かせない仕組みです。

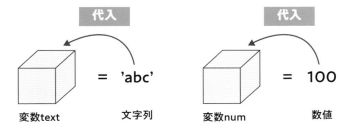

変数text　　文字列　　　　　　変数num　　数値

変数は、値を入れておいて後で取り出せる入れ物だよ

図の例では、変数textに'abc'という文字列を、変数numに100という数値を入れています。このように変数に値を入れることを**代入（だいにゅう）** といいます。

変数が代入された値を記憶していることを確認するため、変数に値を代入し、それを表示させるプログラムを書いて実行してみましょう。

> c2_2_1.py

001	`text = 'abc'`	変数textに文字列'abc'を代入
002	`num = 100`	変数numに数値100を代入
003	`print(text)`	変数textの値を画面に表示
004	`print(num)`	変数numの値を画面に表示

算数や数学では「=」は「左辺と右辺が等しい」ことを表しますが、Pythonなどのプログラミング言語では「**左側に書かれたものに右側に書かれたものを代入する**」という役割を果たします。

「変数 = 値」という書き方の文を**代入文（だいにゅうぶん）** といい、たとえば「text = 'abc'」と書くことで、変数textに文字列の値'abc'を代入できます。

POINT

'abc'は文字列（str型）、100は数値（int型）で、2つの値は型が異なりますが、どちらも変数に代入することができます。型についてはP.46で解説します。

このプログラムを実行すると、変数text、変数numに代入された値が表示されます。

● 実行結果

```
abc
100
```

print関数のカッコ内に変数の名前を書いたことで、変数の名前（text、num）ではなく、変数に代入された値（abc、100）が表示されています。

このように、**値を代入した変数はそれ以降の行では値と同じように扱われます**。

変数を作成するメリット

先ほどのような単純なプログラムであれば、変数numに値100を代入してから表示するより、「print(100)」と書くほうが簡潔でいいと思うかもしれません。

ここで、2019年以降の西暦を入力して、和暦（令和）に変換する以下のようなプログラムを考えてみましょう。

❯ c2_2_2.py

```
001    print(2021)                     西暦を表示
002    print(2021 - 2018)              和暦（令和何年か）を表示
```

● 実行結果

```
2021
3
```

このプログラムで、**西暦の値2021を2022などに書き換えることになった場合、2021と書かれている箇所をすべて修正する必要があります**。もしもプログラムの行数が膨大で、西暦の値が数十回も登場する場合、すべてを間違いなく書き換えるには手間がかかります。

しかし、変数yearに西暦の値を代入して、それ以降は変数yearを参照するようにしておけば、**値を書き換えたい場合は最初に代入する値だけを書き換えればよいことになります**。

変数に代入された値を利用することを、参照というよ

忍者は和暦のほうが親しみが持てる

2章 ▼ 基本的なデータと計算

> c2_2_3.py

```
001    year = 2021
002    print(year) ················· 西暦を表示
003    print(year - 2018) ········· 和暦（令和何年か）を表示
```

修正が必要な箇所

変数を使用しない場合

```
print( 2021 )
print( 2021 - 2018 )
```

変数を使用する場合

```
year = 2021
print(year)
print(year - 2018)
```

このように、プログラムの中に同じ値が何度も登場する場合は、変数に代入しておくほうが修正の手間が少なくなります。

変数の作成と上書き

先ほどのプログラムの1、2行目では、変数を作成して、それぞれ文字列と数値を代入しています。

```
text = 'abc' ················· 変数textに文字列'abc'を代入
num = 100 ··················· 変数numに数値100を代入
```

Pythonでは**それまで作成されていない変数に値を代入すると、自動的に変数の作成が行われます**。他のプログラミング言語では、変数の作成と値の代入を別に行うものもあります。

また、**既存の変数に値を代入しなおすと、変数の中身を更新できます**。

そのことを確認するため、以下のようなプログラムを実行してみましょう。

> c2_2_4.py

```
001    num = 100 ················· 変数numに数値100を代入
002    print(num) ················ 変数numの値を表示
003    print(num + 10) ·········· 変数numの値と10を足した結果を表示
004    num = 200 ················· 変数numに数値200を代入
005    print(num) ················ 変数numの値を表示
006    num = num + 10 ·········· 変数numに変数numの値と10を足した結果を代入
007    print(num) ················ 変数numの値を表示
```

POINT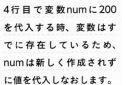

4行目で変数numに200を代入する時、変数はすでに存在しているため、numは新しく作成されずに値を代入しなおします。

実行結果は以下のようになります。

POINT

6行目は、この後に説明する累算代入演算子を使って「num += 10」と書き表すこともできます

◎ 実行結果

```
100
110
200
210
```

6行目の「num = num + 10」は、＝記号を等号ととらえて、混乱する人もいるかもしれません。しかし、＝は代入のための記号であり、処理の優先順位は計算の演算子などより低くなっています。そのため、まず「num + 10」という計算が行われ、その結果が変数numに代入されるという働きになります。

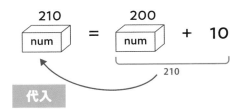

変数命名のルール

ここまで、textやnumという名前の変数を作成しましたが、変数の名付け（**命名**といいます）には守らないとエラーが発生する3つのルールがあります。

これらのルールは、後で説明する**関数やモジュールなどの命名でも同じように守らなければなりません**。

忍者にとっても掟は大事

・**半角のアルファベット、アンダースコア、数字を組み合わせる**

命名は、**アルファベットのa〜z、A〜Z、_（アンダースコア）、数字の0〜9を組み合わせて行います**。「_」は、たとえば「max_number」のように複数の単語を繋いで名前を付けたい時に使います。

実際には漢字などの全角文字も許可されていますが、プログラムの中で半角文字と全角文字が混在してしまうことになるのでおすすめしません。

・**先頭が数字の名前は禁止**

名前の先頭を数字にすることはできません。そのため、数字のみの名前も禁止されています。たとえば以下のような名前は付けられません。

```
100   1number
```

・予約語と同じ名前は禁止

予約語とはPythonの文法で特別な意味を持つ単語で、これと同じ名前は付けられません。

予約語には、**in**や**is**など演算子として使用されるもの、**if**や**elif**など条件文の一部として使用されるものなど複数の種類があります。

ただし、「is」や「True」など単独の名前としては使えない予約語でも、「isTrue」など他の文字と組み合わせた名前であれば使用することができます。

参考URL

キーワード（予約語）
https://docs.python.org/
ja/3.9/reference/lexical_
analysis.html#keywords

・予約語一覧

```
False     await      else      import    pass
None      break      except    in        raise
True      class      finally   is        return
and       continue   for       lambda    try
as        def        from      nonlocal  while
assert    del        global    not       with
async     elif       if        or        yield
```

わかりやすい名前にする

以上の3つは文法的なエラーを避けるために守らなければいけないルールですが、変数を命名する時は、慣習的に守られている以下のようなルールも意識してください。

・代入される値が想像しやすい名前を付ける
・できるだけ英単語だけで構成し、複数の単語を組み合わせる場合は「_」で区切る
・アルファベットは基本的に小文字だけを使用する

これらの慣習的なルールを守ることで、可読性の高いプログラムを書くことができます。

たとえば、定価1000円の商品について、割引額の100円を引いて売値を計算し、計算結果を表示するプログラムを書いて実行してみましょう。あえてアルファベット1文字の変数名を使っています。

> **c2_2_5.py**

```
001  a = 1000
002  b = 100
003  c = a - b
004  print(c)
```

「可読性」とは、プログラムを読んだ時の理解しやすさのことだよ

900

ここでは変数 a に商品価格、変数 b に割引額、変数 c に売値を代入していますが、このプログラムを見ただけでは伝わりませんね。

このままでも文法的なエラーは発生しませんが、**変数名が a、b、c と簡潔すぎるため、どの変数にどんな値が代入されているか、一見しただけではわかりづらくなっています。**

プログラムを読みやすくするために、以下のように命名したほうがいいでしょう。

> c2_2_6.py

```
001    normal_price = 1000
002    discount = 100
003    selling_price = normal_price - discount
004    print(selling_price)
```

実行結果

900

本書でも、紹介した慣習的なルールに従って、アルファベットは基本的に小文字のみを使用し、2つ以上の単語を使う場合は「_」で連結して変数を命名しています。

このように、小文字のみを使用して、単語の間を「_」で連結する命名規則を、変数名がヘビの体のような見た目になることから**スネークケース**と呼びます。

POINT

3行目では、変数が作成され、そこに計算結果が代入されています。このように変数に値を代入しておくと、何度も同じ計算をしなくても次回から計算結果を参照したい時は変数を使えばよいというメリットもあります。

POINT

プログラムの中で、一度値を代入されたら変更されない変数は、あえて変数名を大文字で命名することもあります。このような変数を定数といいます。

2章 ▼ 基本的なデータと計算

プログラムを見て変数に印を付けろ

プログラムを見て、変数の部分の下に印を付けてください。

2章
▼
基本的なデータと計算

```
normal_price = 100
selling_price = normal_price * 1.1
print(selling_price)
```

1
```
text = 'Hello'
print(text)
```

2
```
year = 2019
wareki = year - 2018
print(year)
print(wareki)
```

3
```
price = 1000
quantity = 10
sales = price * quantity
print(sales)
```

4
```
sales = 9980
payment = 10000
change = payment - sales
print(payment)
print(change)
```

適切な変数名を選択せよ

変数名として適切なものを選択してください。

① 2021　　② year　　③ 2021year

1　① 文字列　　② text　　③ TEXT

2　① 1st_check　　② CHECK1　　③ check1

3　① fileName　　② file/name　　③ file_name　　④ FileName

4　① password　　② pass　　③ p@ss　　④ PASS

SECTION 03 少し高度な代入

ここでは、複数の変数に同時に値を代入する方法、計算と代入を同時に行う方法など、より少ない記述で効率的なコードを書くテクニックを紹介します。

複数同時の代入文

　複数の変数に値を代入したい場合、1つの代入文につき1行ずつ使っていてはその分プログラムが長くなってしまいます。

　そんな時は、「=」の左側にカンマで区切った複数の変数を、右側に同じくカンマで区切った複数の値を書くことで、複数の変数に同時に値を代入することができます。

　これを**複数同時の代入**といい、より少ない行数で効率的にプログラムを書くことができます。

　例として、x軸の座標を表す変数、y軸の座標を表す変数に同時に値を代入して、表示するプログラムを書いて実行してみましょう。

左辺の変数の数と右辺の値の数が一致しないとエラーになる場合があるよ

▶ c2_3_1.py

```
001  x, y = 20, 21
002  print(x, y)
```

▶ 実行結果

```
20 21
```

POINT

複数同時の代入はプログラムの行数の削減に役立ちますが、複数の変数の間に関連性があり、値をまとめて代入するのが適切な場合のみ使うようにしてください。

累算（るいさん）代入文

　変数numに代入されている値に別の値を足して、変数の値を更新したい場合、これまでは以下のように1つの代入文の中に変数numを2回書く必要がありました。

```
num = num + 1
```

　使用する演算子を変えることで、この代入文をより簡潔に記述できます。

```
num += 1
```

変数を2回も書くのは面倒だ

「+=」は、左側に書かれた変数の値と右側に書かれた値で足し算を行って、その結果を左側に書かれた変数に代入する演算子です。

このように、計算と代入文を組み合わせて1つの文にしたものを、**累算代入文**といいます。

変数totalに数値を代入した後、さらに値を加算して表示するプログラムを書いて実行します。

プログラムを簡潔に書くことは、わかりやすさにつながる

> c2_3_2.py

```
001    total = 150
002    print(total)
003
004    total += 20  ·············· total = total + 20と同じ
005    print(total)
```

◉ 実行結果

```
150
170
```

4行目の処理によって、変数totalの値（150）と数値（20）が足し合わされて、計算結果（170）が変数numに代入されています。

他にも、累算代入文に使われる演算子には以下のようなものもあります。

・ 累算代入演算子

演算子	例	働き
+=	a += b	aにa + bを代入
-=	a -= b	aにa - bを代入
*=	a *= b	aにa × bに代入
/=	a /= b	aにa ÷ bを代入
//=	a //= b	aにa ÷ bを小数点以下を切り捨てて代入
%=	a %= b	aにa ÷ bの余りを代入
**=	a **= b	aにaのb乗を代入

参考URL

累算代入文
https://docs.python.org/ja/3.9/reference/simple_stmts.html?highlight=%E7%B4%AF%E7%AE%97#augmented-assignment-statements

POINT

累算代入文は、5章で解説するfor文やwhile文による繰り返し処理の中でもよく使われます。

SECTION 04 データには型がある

「文字列」や「数値」など、データの種類のことを「型」といいます。型を意識することで、プログラム内でさまざまな種類のデータを扱えるようになります。

データの「型」とは

プログラム内の値には、それぞれ**型（かた）**が決められています。たとえば、これまで扱ってきた文字列は**str型**、数値は**int型**の値です。Pythonには他にもさまざまな型が存在します。

strはstringの略、intはintegerの略だよ

int型（整数型）	float型（浮動小数点数型）
小数点のない数値	小数点を含む数値
1　202　-5	0.5　-1.5　1.41421

str型（文字列型）	bool型（真偽値型）
「'」か「"」で囲んだ文字列	正しいか誤りか
'Hello'　'忍者'　"テキスト"	True　　False

また、型によって使える演算子が決まっています。たとえば、数値であるint型とfloat型を演算子＋の左右に書くと足し算を行い、文字列であるstr型の値同士を演算子＋の左右に書くと文字列を連結します。

しかし、int型とstr型の値を演算子＋の左右に書くと、エラーが発生します。

数値同士は計算できる

```
print(1 + 10)
```

実行結果

```
11
```

数値型と文字列型の計算はできない

```
print('1' + 10)
```

実行結果

```
Traceback (most recent call last):
  File "<pyshell#0>", line 1, in <module>
    '1' + 10
TypeError: can only concatenate
                str (not "int") to str
```

str型の値は、str型としか連結できないというエラー

POINT

右側の実行結果の2行目にある「line 1」は、エラーが発生した行数を表しています。エラーメッセージには解決に役立つ情報が含まれていることも多いので、表示された時はよく確認しましょう。

値の型を変換する

文字列型（str）の値と数値（int）の値とで計算を行いたい場合、**int関数**を使って文字列型の値を数値型に変換することができます。int()のカッコ内に数値型に変換したい文字列を書いて変換します。

西暦を表す文字列を数値に変換してから、和暦を計算して表示するプログラムを書いて実行してみましょう。

変化の術で文字列を数値に！

> **c2_4_1.py**

```
001   year_text = '2021'
002   wareki = int(year_text) - 2018
003   print(wareki)
```

> **実行結果**

```
3
```

逆に、数値型の値を**str関数**で文字列に変換することもできます。数値を文字列に変換すると、**演算子＋で他の文字列と連結**できます。

先ほどのプログラムに、数値を文字列に変換してから他の文字列と連結して表示する処理を書き足して実行してみましょう。

> **c2_4_2.py**

```
001   year_text = '2021'
002   wareki = int(year_text) - 2018
003   print(wareki)
004
005   wareki_text = '令和' + str(wareki) + '年'
006   print(wareki_text)
```

> **実行結果**

```
3
令和3年
```

POINT

int関数やstr関数は、print関数と同じくPythonに初めから用意されている関数（組み込み関数）です。関数については3章で詳しく見ていきます。

POINT

値の正確な型名を知りたい場合は、type関数を使用します。「type(10)」と書くと、整数はint型なので「<class 'int'>」という結果が返ってきます。

累算代入文の結果を示せ

プログラムを見て、最後に表示される計算結果を書き込んでください。

```
year = 2000
year += 21
print(year)   2021
```

1
```
i = 0
i += 1
print(i)
```

2
```
num = 10
num -= 5
print(num)
```

3
```
num = 10
num /= 5
print(num)
```

4
```
num = 10
num += 5 * 2
print(num)
```

5
```
text = '山'
text += '川'
print(text)
```

6
```
price = 1000
discount = 100
price -= discount
print(price)
```

※「#」から改行まではコメント文となります（次ページの問い参照）。コメント文はプログラムにメモを書き込むもので、Pythonインタプリタには無視されるので、実行結果に影響しません。

型を変換するべき変数を選べ

int関数で数値型に、またはstr関数で文字列型に、
型を変換するべき変数の下に印を付けてください。

```
year_text = '2021'
wareki = year_text - 2018
```

1
```
# 数値と文字列を連結
num = 10
text = num + '個'
```

2
```
# 数値と文字列を連結
text = '10'
num = text + 20
```

3
```
# 数値と文字列を連結
price = 1500
text = '価格'
text += price + '円'
```

4
```
# 価格と税の合計を
# 文字列と連結
price = 1500
tax = 150
price += tax
print(price + '円')
```

5
```
# 価格と割引率から割引後の価格を計算する
price = 1080
discount_rate_text = '2'
price -= price * discount_rate_text / 10
print(price)
```

達成目標 120 秒

エラーの原因を選べ

2章
▼
基本的なデータと計算

プログラムを見て、エラーの原因として適切なものを選択肢から選択してください。

```
001  x, y = 20, 19, 32
002  print('x軸の値は' + str(x) + ' y軸の値は' + str(y))
```

エラーメッセージ

`ValueError: too many values to unpack (expected 2)`

① 1行目で作成されている変数名が不正

② 1行目の代入文で左辺の変数の数と右辺の値の数が一致していない

③ 2行目で型の変換が必要

```
001  year_text = '2021'
002  wareki = year_text - 2018
003  print(wareki)
```

エラーメッセージ

`TypeError: unsupported operand type(s) for -: 'str' and 'int'`

① 1行目で作成している変数名が不正

② 2行目で作成している変数名が不正

③ 2行目で型の変換が必要

```
001  price = 1500
002  tax = 150
003  price += tax
004  print(price + '円')
```

エラーメッセージ

2

`TypeError: unsupported operand type(s) for +: 'int' and 'str'`

① 1行目で作成している変数名が不正

② 3行目で型の変換が必要

③ 4行目で型の変換が必要

```
001  class = '4'
002  student_name = '服部 太朗'
003  print(class + '組 ' + student_name)
```

エラーメッセージ

3

`SyntaxError: invalid syntax`

① 1行目で作成している変数名が不正

② 1行目の代入文で左辺の変数の数と右辺の値の数が一致していない

③ 3行目で型の変換が必要

```
001  1price = '100円'
002  2price = '200円'
003  price_text = '商品1は' + 1price
004  price_text += ','
005  price_text += '商品2は' + 2price
006  print(price_text)
```

エラーメッセージ

SyntaxError: invalid syntax

① 1行目で作成している変数名が不正

② 3行目で型の変換が必要

③ 5行目で型の変換が必要

```
001  price = 1100
002  discount = 200
003  price_text = '割引後価格'
004  price -= discount
005  price_text += price + '円'
006  print(price_text)
```

エラーメッセージ

TypeError: unsupported operand type(s) for +: 'int' and 'str'

① 1行目の代入文で左辺の変数の数と右辺の値の数が一致していない

② 4行目で型の変換が必要

③ 5行目で型の変換が必要

3章

3章

命令と条件分岐

ここでは、Pythonに用意されている関数、メソッドを使ってコンピュータにさまざまな命令を出したり、条件に応じて違う命令を実行させる方法を紹介します。

関数とメソッドを呼び出す

一連の処理をひとまとめにした「関数」や、値に対して処理を行う「メソッド」を使いこなせば、コンピュータにさまざまな命令を出すことができます。

関数の呼び出し

ここまでprint関数やint関数などの用語が登場しましたが、これらは一連の処理をひとまとめにした**関数（かんすう）**というものです。単純に「何かを処理するための命令」と考えてもOKです。

int関数は、カッコ内に文字列や数値を書くとint型に変換する関数ですが、このカッコ内に指定する値を関数の**引数（ひきすう）**、実行結果の値を**戻り値（または返り値）**と呼びます。

プログラムの中で関数を実行することを「呼び出す」とも表現するよ

```
num = int('100')
```
変数に戻り値を代入　関数　引数

上のプログラムは、int関数に引数（'100'）を渡して実行した戻り値（100）を、変数numに代入しています。このように、値を返す関数はプログラムの中で値と同じように扱うことができます。

メソッドの呼び出し

関数と同じように引数を受け取って一連の処理を行う仕組みに、**メソッド**があります。

メソッドはある値に対して処理を行うもので、「**値.メソッド名()**」という書き方をします。

以下のプログラムでは、str型の値を代入した変数textに対して、特定の文字列の位置を数値で返すfindメソッドを実行しています。

```
text = 'ninja'
print(text.find('j'))
```
値　メソッド　引数

POINT

メソッドは、int型、str型などのデータ型に属する関数という見方もできます。

このプログラムで、findメソッドはstr型の値（'ninja'）から、引数として受け取った文字列（'j'）を探して、その位置を数値で返します。

> **c3_1_1.py**

```
001   text = 'ninja'
002   print(text.find('j'))
```

> **実行結果**

```
3
```

文字列'ninja'の中で'j'が登場するのは4文字目なので、結果は4になると思われるかもしれませんが、Pythonに限らず、**プログラム言語においてデータの順番を表現する時、0から数えはじめるのが一般的です。**

```
0 1 2 3 4
n i n j a
```

また、メソッドはstr、intなどのデータ型ごとに定義されているので、**値の型によって使用できるメソッドが異なります。**

それぞれの型にどんなメソッドがあるかは、Python公式ドキュメントの「組み込み型」で見ることができます。

データの順番を0から数えはじめるのは大事なルールなので覚えておこう

参考URL

Python公式ドキュメント「組み込み型」
https://docs.python.org/ja/3.9/library/stdtypes.html

複数の引数を指定する

関数やメソッドによっては、引数は1つだけとは限らず、引数を複数指定するもの、引数が0個（引数なし）のものもあります。

たとえば、文字列のlowerメソッドは文字列のアルファベットを小文字にするメソッドで、引数は1つも指定しません。同じく文字列のreplaceメソッドは文字列を置換して返すメソッドで、1つ目の引数に「置換する文字列」を、2つ目の引数に「置換した後の文字列」を指定します。

複数の引数を指定する時は、**カンマ**で区切って指定します。

```
text = 'NINJA'
print(text.lower())      引数なし
print(text.replace('I', 'A'))
```

1つめの引数　　　2つめの引数
（置換する文字列）（置換した後の文字列）

引数の数も型も、関数・メソッドによって違う

c3_1_2.py

001	text = 'NINJA'
002	print(text.lower())
003	print(text.replace('I', 'A'))

実行結果

```
ninja
NANJA
```

また、「値.メソッド名()」の後にさらに「.メソッド名()」と続けて書くことで、左に書かれたメソッドの戻り値に対して、右に書かれたメソッドの処理を行うこともできます。このようにしてメソッドを連ねて書くことを**メソッドチェーン**といいます。

c3_1_3.py

001	text = 'NINJA'
002	print(text.lower().replace('i', 'a'))

実行結果

```
nanja
```

引数を指定する数によって動作が変わる関数やメソッドもあります。

文字列のcountメソッドは、文字列の中に、1つ目の引数に指定された文字列が登場する回数を数値で返すメソッドです。引数を1つだけ指定した状態でも実行できますが、2つ目の引数に何文字目から数えるか、3つ目の引数に何文字目まで数えるかを指定することもできます。

引数の数によって結果がどのように変わるか、確認してみましょう。

c3_1_4.py

001	text = 'NINJA'
002	print(text.count('N'))
003	……………textの中に'N'が何回登場するか
004	print(text.count('N', 1))
005	……………textの[1]文字目から最後まで'N'が何回登場するか
006	print(text.count('N', 1, 1))
007	……………textの[1]文字目から[1]文字目に'N'が何回登場するか

実行結果

```
2
1
0
```

lowerメソッドもreplaceメソッドも、文字列を書き換えるのではなく置換後の文字列を返すメソッドなので、左のプログラムを実行しても変数textの値は'NINJA'のままです。置換後の文字列を後で使いたい場合は、メソッドの戻り値を別の変数に代入しましょう。

ここでも、文字列の中のデータの順番は0から数えはじめることに注意してね

引数の数を自由に変えられる可変長引数

これまで何度も使用してきたprint関数は、**可変長引数**というものを受け取れます。可変長引数は、0個（引数なし）も含めて自由に引数の数を変えられます。

print関数に0個から3個まで引数を指定するプログラムを書いて実行してみましょう。

> **c3_1_5.py**

```
001    print()
002    print('臨')
003    print('臨', '兵')
004    print('臨', '兵', '闘')
```

POINT

print関数は、引数が0個の場合は改行のみ表示します。

3章 ▼ 命令と条件分岐

実行結果

```
臨
臨 兵
臨 兵 闘
```

名前とともに指定するキーワード引数

先ほどのプログラムの出力結果のように、print関数で複数の文字列を出力すると、通常は半角スペースで複数の文字列が区切られて出力されます。

この区切り文字を別のものに変えたい場合、**sep**という引数に文字列を指定することで、区切り文字を任意の文字に変更できます。このような「名前＝値」という形式で指定する引数を、**キーワード引数**といいます。

先ほどのプログラムに、sepを '!' と指定する行を追加して実行してみましょう。

> **c3_1_6.py**

```
001    print()
002    print('臨')
003    print('臨', '兵')
004    print('臨', '兵', '闘')
005    print('臨', '兵', '闘', sep='!')
```

実行結果

```
臨
```

POINT

キーワード引数に値を指定する時は、慣例として「sep='!'」のように＝の前後は空けずに書きます。

```
臨 兵
臨 兵 闘
臨!兵!闘
```

文字列の入力を受け取る

　これまで作成してきたのは、プログラムに直接値を書き込んで、実行すればその値に基づいて結果が表示されるのみのプログラムでした。

　しかし、現実世界のシステムでは、ユーザーの操作を受け付けてその内容によって実行結果が変わる、対話型のプログラムが使われていることがほとんどです。

　ユーザーからの操作を受け付ける関数の1つが、**input関数**です。ユーザーからキーボードでの入力を受け付け、入力された文字列を返します。

　input関数でキーボードでの入力を受け付け、入力された内容をそのまま表示するプログラムを書いて実行してみましょう。

ユーザーからの操作を受け付けられると、プログラムで実行できることの幅が広がるよ

> **c3_1_7.py**

```
001   text = input()
002   print(text)
```

　input関数を実行すると、コマンドラインは入力を待機する状態になります。この状態でキーボードから何かを入力して Enter キーを押すと、入力した文字列がinput関数の戻り値になり、プログラムの続きが実行されます。

実行結果

```
*IDLE Shell 3.9.5*
File  Edit  Shell  Debug  Options  Window  Help
Python 3.9.5 (tags/v3.9.5:0a7dcbd, May  3 2021, 17:27:52) [MSC v.1928 64 bit (AM
D64)] on win32
Type "help", "copyright", "credits" or "license()" for more information.
>>>
========= RESTART: C:\Users\libroworks\Documents\ninja_python\c3_1_7.py ========
おうむ
```
1 文字を入力して Enter キーを押す

```
IDLE Shell 3.9.5
File  Edit  Shell  Debug  Options  Window  Help
Python 3.9.5 (tags/v3.9.5:0a7dcbd, May  3 2021, 17:27:52) [MSC v.1928 64 bit (AM
D64)] on win32
Type "help", "copyright", "credits" or "license()" for more information.
>>>
========= RESTART: C:\Users\libroworks\Documents\ninja_python\c3_1_7.py ========
おうむ
おうむ
>>>
```
2 同じ文字が表示される

　input関数は引数なしでも実行できますが、**引数に文字列を指定すると、入力をうながすメッセージとして表示できます。**

商品の税抜価格を入力すると、10%の消費税額が表示されるプログラムを書いて実行してみましょう。input関数の戻り値はstr型なので、数値の入力を受け付けて計算を行うようなプログラムを書く場合には、入力結果をint関数などで数値に変換する必要があります。

> **c3_1_8.py**

```
001    price = int(input('税抜価格を数字で入力: '))
002    tax = price * 0.1
003    print('消費税額:', tax)
```

◉ **実行結果**

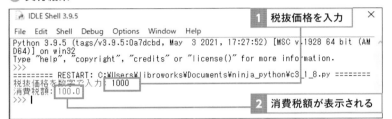

POINT

input関数のメッセージの最後に「: 」などを付けると、ユーザーがここに入力するのだと伝わりやすくなります。

注意

このプログラムで、数字以外の文字列を入力すると、int関数でint型に型変換できずエラーが発生してしまいます。このようにプログラムを書いた時点で想定されるエラーを回避するには、次に学習する条件分岐やp.222で学習する例外処理が役立ちます。

値を変更できない型

int型、str型などの値は、変数に代入した後、その値を変更することができません。このように値を変更できない型を**イミュータブル**な型といい、イミュータブルな型の値は、メソッドなどを使っても変更されません。

たとえば、str型のupperメソッドは文字列のアルファベットを大文字にした値を戻り値として返すメソッドですが、str型はイミュータブルであるため、upperメソッドを使った後も、もとの文字列は変更されません。

> **c3_1_9.py**

```
text1 = 'python'
text2 = text1.upper()
print(text1)……もとの文字列を出力
print(text2)……upperメソッドの結果を出力
```

◉ **実行結果**

```
python
PYTHON
```

また、一度定義されたイミュータブルな型の変数に新しく値を代入しなおすと、変数が新しく作り直されます。イミュータブルな型に対して、値を変更できる型を**ミュータブル**な型といいます。ミュータブルな型の代表的な例に、4章に登場するリストがあります。

プログラムを見て
関数・メソッドに印を付けろ

プログラムを見て、関数・メソッドの名前の下に印を付けてください。

3章 ▼ 命令と条件分岐

```python
print('出力結果: ' + text.lower().replace('e', 'a'))
```

1
```python
print('ninja'.count('n'))
```

2
```python
text = input()
print('length: ' + str(len(text)))
```

3
```python
text = input('Input something: ')
print(text + ' was input')
```

4
```python
text = input()
lower_text = text.lower()
print(lower_text.replace('i', 'a').find('a'))
```

※「2」で使用している len 関数については P.94 参照

式を見て処理順を示せ②

式に含まれる下線を引かれた演算子・関数・メソッドの処理順を書き込んでください。

3 章 ▼ 命令と条件分岐

④
print('出力結果：' ③+ text.lower①().replace②('e', 'a'))

---

1 | '出力結果：' + text.lower()

---

2 | lyrics.find('リンダ' * 3)

---

3 | '株式会社libroworks'.count('r', len('株式会社'))

---

4 | print('計算結果：' + str(price + tax))

---

5 | print('Tは' + str(text.upper().find('T')) + '文字目')

分岐とは？

条件に合わせて行う処理を変える「分岐」を使いこなせば、いろいろな場面に対応できるプログラムを作成できます。

条件によって行う処理を変える

ここまで作成してきたプログラムは、書かれた順番で上から実行していく構造のものばかりでしたが、Pythonだけでなく多くの言語では以下の3つの構造を組み合わせてプログラムを作成します。

順次	上から下へ書かれた処理を順番に実行する
条件分岐	条件にしたがって処理を分岐させる
繰り返し	特定の処理を繰り返し行う

条件分岐、繰り返しを行うための文を、流れを制御するための構文という意味で「制御構文」というよ

これまで学んできた順次構造のプログラムでは、「合い言葉を見て敵か味方か判断する」といった処理はできません。**条件に当てはまる場合や、当てはまらない場合に違う処理を実行する**という処理を実現するための構造が、今から学習する**条件分岐**です。

条件分岐を使うと、下の図のように**プログラムの流れを分かれさせる**ことができます。

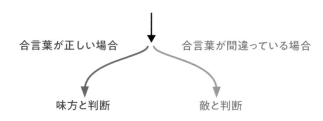

合言葉が正しい場合　　　　　　合言葉が間違っている場合

味方と判断　　　　　　　　　　敵と判断

順次構造のプログラムは上から下へと実行されていくだけですが、条件分岐やこの後に学習する繰り返しを使うことで、不要部分を読み飛ばしたり、上に戻ったりすることができます。

プログラムの構造が複雑になると処理の流れが複雑になるので、**フローチャート（流れ図）**という図を書いて整理します。

フローチャートを書く際は、以下のように**通常の処理は四角**で、**条件分岐の部分はひし形**で表現します。

POINT

残る構造の「繰り返し」については、5章で解説します。

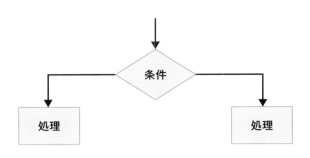

TrueとFalse

　条件分岐において、条件に当てはまるかどうかをプログラムが判断する際に使われるのが**真偽値（真理値またはブール値とも）**です。

　真偽値は数値や文字列などと同じく値の種類の1つですが、条件に当てはまる状態を指す**True（真）**と、条件に当てはまらない状態を指す**False（偽）**の2つの値しか取りません。

　Pythonで条件分岐を書く際は、この真偽値によって条件に当てはまるかどうかを判断し、流れを分岐させることになります。

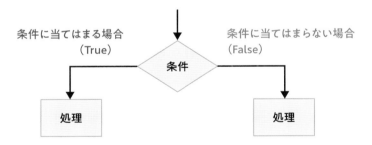

　また、プログラムの3つの構造のうち繰り返しにおいても、処理を行うかどうかを真偽値によって判断する場面があります。

SECTION 03 条件を満たすかを判断する

条件分岐における「条件」をコンピュータにわかる言葉で書くために、True か False の真偽値を返す演算子や関数・メソッドについて学びましょう。

値を比較する比較演算子

比較演算子とは、2つの値を比較して、比較の結果を True か False の真偽値で返す演算子です。

たとえば、生まれた年を入力して、和暦が「令和」かどうかを判定するプログラムを考えてみましょう。

令和元年は 2019 年なので、このプログラムにおいて和暦が「令和」かどうかを判定する条件は「**生年の値が 2019 以上であるか**」と表現することができます。実際には 2019 年でも 4 月までは和暦は「平成」ですが、この時点では年だけを考えることとします。

条件はコンピュータに通じる言葉で書かなくてはいけない

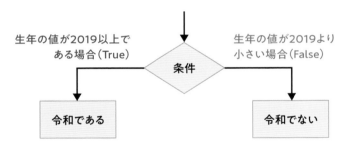

生年の値が 2019 以上である場合（True）

生年の値が 2019 より小さい場合（False）

条件

令和である

令和でない

生年の値を変数 birth_year として、「生年が 2019 以上であるか」をプログラムで表現すると次のようになります。

```
birth_year >= 2019
```

ここで使用した「>=」は、左辺が右辺以上であるかを判定する比較演算子です。比較の結果、左辺が右辺以上であれば真偽値 True を、そうでなければ真偽値 False を返します。

比較演算子が真偽値を返すことを確認するため、ユーザーから生年の入力を受け付けて、2019 以上であるかを表示するプログラムを書いて実行してみましょう。

比較演算子「>=」を使うので、birth_year の値が 2019 である場合は条件に当てはまるよ

c3_3_1.py

```
001    birth_year = int(input('生年を数字で入力: '))
002    print(birth_year >= 2019)
```

実行結果

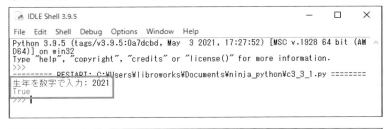

比較演算子「>=」で比較を行った結果、2019以上の値が入力された場合はTrueを、2019より小さい値が入力された場合はFalseを返していることがわかります。

比較演算子には、「>=」以外にも以下のようなものがあります。

・主な比較演算子

演算子	意味	例
<	左辺は右辺より小さい	a < b
<=	左辺は右辺以下である	a <= b
>	左辺は右辺より大きい	a > b
>=	左辺は右辺以上である	a >= b
==	左辺と右辺は等しい	a == b
!=	左辺と右辺は等しくない	a != b

左辺と右辺が等しいかどうかを判定する**比較演算子**「==」は、代入演算子「=」と区別するために＝を2つ書く必要があります。プログラムを書く際に間違えやすいので注意しましょう。

注意

input関数の戻り値は文字列なので、int関数でint型に型変換していることに注意してください。

参考URL

比較
https://docs.python.org/ja/3.9/library/stdtypes.html#comparisons

POINT

数値以外の値も比較演算子で比較することができます。
文字列の入力内容が正しいかを確認するために「==」で比較する、などの用途で使用できます。

ブール演算子で複数の式から条件を作る

今度は、西暦で生まれた年を入力して、和暦が「平成」かどうかを判定するプログラムを考えてみましょう。

平成元年は1989年、最後の年は2019年なので、和暦が「平成」かどうかを判定するには、変数birth_yearが以下の2つの式を同時に満たしているかを判定する必要があります。

```
1989 <= birth_year
birth_year <= 2019
```

ここで、**ブール演算子**のandを使えば、これら2つの式を1つの文で書くことができます。

ブール演算子とは、真偽値を受け取って計算を行い、結果を真偽値で返す演算子で、**and**、**or**、**not**の3種類があります。

andは、受け取った2つの真偽値が両方ともTrueであればTrueを、それ以外の場合はFalseを返すブール演算子です。「平成」を判定する条件は、先ほどの2つの式が両方ともTrueであるかを判定すればよいので、andを使って

```
1989 <= birth_year and birth_year <= 2019
```

と表現できます。

**比較演算子とブール演算子では比較演算子のほうが優先順位が高いため、以下の図のように左辺「1989 <= birth_year」と右辺「birth_year <= 2019」の計算結果（真偽値）をブール演算子andが受け取り、計算を行って真偽値を返します。

ユーザーから生年の入力を受け付けて、1989と2019の範囲内にあるかを判定するプログラムを書いて実行してみましょう。

> 2019年でも5月からは令和であることはいったん忘れよう

 参考URL

ブール演算
https://docs.python.org/
ja/3.9/library/stdtypes.
html#boolean-operations-
and-or-not

POINT

演算子などの記号の優先順位については、P.32を参照してください。

```
001    birth_year = int(input('生年を数字で入力: '))
002    print(1989 <= birth_year and birth_year <= 2019)
```

実行結果

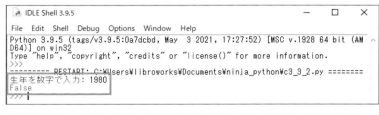

POINT

左の式は、さらに短く「1989 <= birth_year <= 2019」と書くこともできます。

　入力した数値が1989〜2019の範囲内にあればTrueを、そうでなければFalseを返していることがわかります。

　次に、生年としてありえない値を判定するプログラムを考えてみましょう。生年としてありえない、負数か、現在の西暦より大きい値が入力された場合にTrueを返すとします。

　生年としてありえない値を判定するには、**以下の2つの式のどちらかを満たしているかをチェックします**（変数current_yearには現在の西暦が代入されているとします）。

```
birth_year < 0
current_year < birth_year
```

この2つの式も、ブール演算子orを使えば1つの文で表現できます。ブール演算子orは、受け取った2つの真偽値のうち、どちらかがTrueであればTrueを、それ以外の場合はFalseを返します。

andは「かつ」、orは「または」と考えるといいよ

```
birth_year < 0 or current_year < birth_year
```

　ユーザーから生年の入力を受け付けて、ありえない値であるかを判定するプログラムを書いて実行してみましょう。

c3_3_3.py

```
001   birth_year = int(input('生年を数字で入力: '))
002   current_year = 2021
003   print(birth_year < 0 or current_year < birth_year)
```

実行結果

```
生年を数字で入力: -1
True
>>>
```

```
生年を数字で入力: 1995
False
>>>
```

```
生年を数字で入力: 2200
True
>>>
```

　感覚的な話ですが、生年としてありえない値が入力された場合に「True（真）」と表示されることには少し違和感があります。

　このような場合、ブール演算子notを使って真偽値を逆転させるとよいでしょう。

　3つ目の**ブール演算子notは、真偽値を返す関数・メソッドや式の前に書くことで、その真偽値がTrueであればFalseに、FalseであればTrueに逆転させます。**notは演算子ですが左側に値を書くことができず、1つの値しか受け取ることができない**単項演算子**です。

　先ほどのプログラムの条件式全体をカッコで囲み、左側にブール演算子notを書くと、実行結果の真偽値が逆転し、生年としてありえない値が入力されると「False（偽）」と表示されます。

```
not(birth_year < 0 or current_year < birth_year)
```

　数値の計算に使う「+」「*」などの演算子に優先順位が決められていたように、3つのブール演算子にも優先順位が決められており、**notが最も優先され、その後にand、最後にor**と続きます。

ブール演算子の優先順位

| not | > | and | > | or |

POINT

負数の判定でも、現在の西暦より大きいかの判定でも、比較演算子にはイコールを付けない不等号を使っています。

POINT

単項演算子にはnotの他にも、負数を表すために使う「-」があります。

3章 ▼ 命令と条件分岐

式を見て処理順を示せ③

式に含まれる演算子の処理順を書き込んでください（カッコは演算子ではありません）。

    ① ② ④ ③
i + 1 < 10 and i < 100

---

1 not True and True

2 True or not False and True

3 (True or not False) and True

4 12 < a + i and a + i < 20

5 text != password or text == ''

6 text != '山' or text != '川' or text == ''

7 not a < 16 or not 65 < a and a < i + 99

出力結果は True か False か

プログラムを見て、最後に表示される真偽値を書き込んでください。

3章 ▼ 命令と条件分岐

```
text = 'abc'
print(text == 'abc')        True
```

1
```
print(100 >= 100)
```

2
```
print(not 100 < 100)
```

3
```
text = 'password'
print(text != 'password')
```

4
```
age = 21
print(age >= 20)
```

5
```
print(True and False)
```

6
```
print(True or False)
```

7
```
flg = not True and True
print(flg)
```

8
```
flg = True or False and True
print(flg)
```

```python
text = '山'
print(text == '山' or text == '川')
```

```python
flg = (True or False) and True
print(not flg)
```

```python
age = 65
print(age < 18 or 65 < age)
```

```python
text = 'ninja'
print(text.upper().replace('I', 'A') == 'NANJA')
```

```python
score, best_score = 70, 72
print(score >= best_score)
```

```python
bmi = 21.5
print(18.5 <= bmi and bmi < 25)
```

SECTION 04 — if文で処理を分岐する

ここまで学んできた条件の判定をif節やelse節と組み合わせることで、条件の真偽によって違う処理を行えるようになります。

if文の書き方

if文は、ある条件に当てはまる場合のみ、その下に書かれた処理を行うことができる構文です。

ここまで、条件を記載してTrueかFalseかの判定を受け取る方法を学んできましたが、**条件の判定をif文と組み合わせることでプログラム内に条件分岐を作ることができます。**

if文は、キーワードifの後ろに半角スペースを1つ書いて、続けて条件となる式を書き、行の最後にコロンを付けます。

```
キーワードif      式        コロン

if␣2019 <= birth_year:
␣␣␣␣実行する処理
```

> if文は「もしも（条件式）だったら以下の処理を行う」という命令だ

条件の次の行から、条件に当てはまる場合に実行する処理を書きますが、この部分は**行頭に半角スペース4つを挿入します。**このようにプログラムの行頭に空白を入れて字下げすることを**インデント**といいます。IDLEのエディタウィンドウでは、 Tab キーを押すと半角スペース4つが挿入されます。

Pythonでは、インデントによって処理の範囲を定義するので、ifの条件に当てはまる場合に実行したい処理は、すべてまとめて字下げします。

ユーザーから生年を西暦で入力してもらい、数値が2019以上であれば「令和」と表示して、そうでなければ何も行わず、どちらの場合でも最後に「判定終了」と表示するプログラムを書いて実行してみましょう。

📥 **参考URL**

if文
https://docs.python.
org/ja/3.9/reference/
compound_stmts.
html#the-if-statement

> Pythonにおいてインデントはとても重要なルールなので、よく覚えておこう

c3_4_1.py

```
001  birth_year = int(input('生年を西暦で入力: '))
002  if 2019 <= birth_year:
003      print('令和')
004  print('判定終了')
```

▶ 実行結果

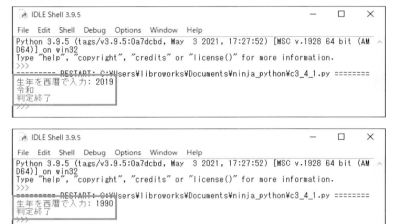

ifの後ろの条件に当てはまる数値2019を入力すると「令和」と表示され、条件に当てはまらない数値1990を入力すると表示されません。4行目のprint('判定終了')は、インデントされていないのでif文に含まれておらず、どちらの場合でも「判定終了」と表示する処理は実行されています。

このプログラムをフローチャートにすると以下のようになります。

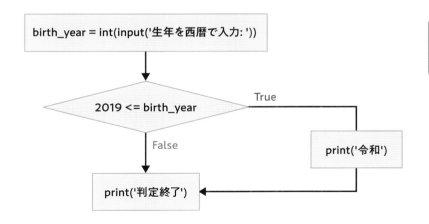

Falseの場合は、インデントされている部分を読み飛ばしているね

elifとelseで分岐を増やす

if文の中に**elif節**、**else節**を組み込むことで、複数の条件で分岐を作ることができます。

ifの行に書いた条件とは**違う条件を付け加えたい場合はelif節**を書き、ifやelifで書いたどの条件にも当てはまらない時の処理を書きたい場合は**else節**を書きます。

先ほどのプログラムに、「平成」を判定するelif節、「令和」でも「平成」でもない場合の処理を書くelse節を書き加えてみましょう。

注意

elifは「else if」の略ですが、実際に「else if」と書くとエラーになってしまいます。

▶ c3_4_2.py

001	`birth_year = int(input('生年を西暦で入力: '))`
002	`if 2019 <= birth_year:`
003	`    print('令和')`
004	`elif 1989 <= birth_year:`
005	`    print('平成')`
006	`else:`
007	`    print('対象外')`
008	`print('判定終了')`

● 実行結果

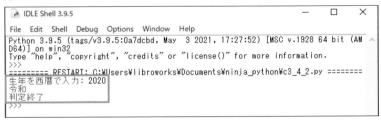

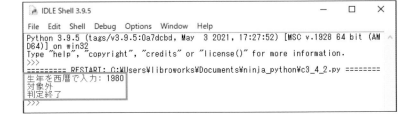

どの場合でも、分岐を抜けた後の「判定終了」は表示されているね

このプログラムをフローチャートにすると以下のようになります。

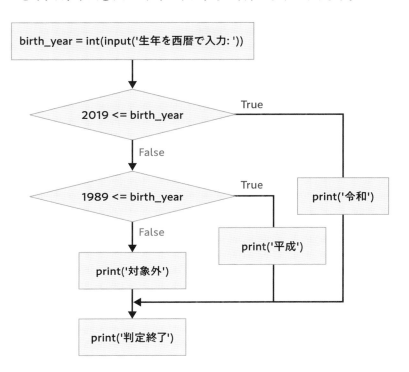

POINT

条件分岐のひし形から
True と False の矢印を書
く際、どちらを右に書く
か、下に書くかについては
特に決まりがありません。
できるだけ少ないスペース
でフローチャートを書ける
ように考えて矢印を書きま
しょう。

3章 ▼ 命令と条件分岐

条件分岐の中に条件分岐を書く

　西暦 2019 が入力された場合、和暦は「令和」と「平成」のどちらの可能
性もあります。そこで、新しい条件「birth_year == 2019」を書き加えて
この条件に当てはまった場合は月まで入力を求めるプログラムに変更しま
しょう。

　2019 年 5 月以降は「令和」、それ以前は「平成」なので、月の入力を求め
て「令和」か「平成」を判定する部分は以下のように書くことができます。

```
birth_month = int(input('月を入力: '))
if 5 <= birth_month:
    print('令和')
else:
    print('平成')
```

2019年でも4月までは
平成であることを再び
思い出そう

　これを新しい条件「birth_year == 2019」に当てはまった場合の処理と
してプログラムに組み込むと、生年として 2019 を入力された場合にも正
しく対応することができます。

> c3_4_3.py

```
001  birth_year = int(input('生年を西暦で入力: '))
002  if 2020 <= birth_year: ············ 「2019」→「2020」に変更
003      print('令和')
004  elif birth_year == 2019: ············ ここから追加
005      birth_month = int(input('月を入力: '))
006      if 5 <= birth_month:
007          print('令和')
008      else:
009          print('平成') ············ ここまでを追加
010  elif 1989 <= birth_year:
011      print('平成')
012  else:
013      print('対象外')
014  print('判定終了')
```

POINT

5行目の変数birth_month は「birth_year == 2019」の条件に当てはまった場合のみ作成される変数なので、他のブロックでこの変数を参照しようとするとエラーが発生します。

このプログラムをフローチャートにすると以下のようになります。

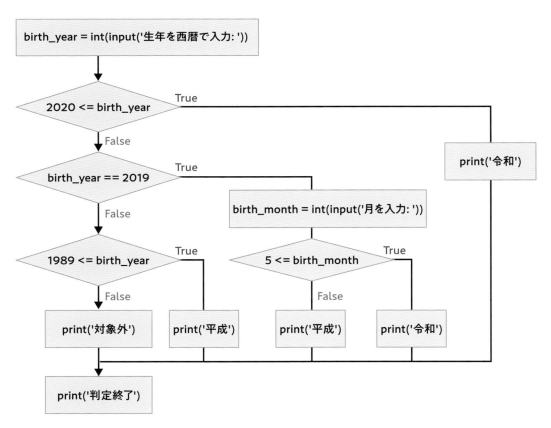

このように、条件分岐の中に条件分岐を書くことで、より複雑なケースにも対応できます。

真偽値以外でFalseと判定される値

ifの後ろに書く条件式には、比較演算子を使った式の他に、真偽値以外の値も書けます。

たとえば、ifの後ろに文字列の変数を書くと、**値が空文字列（長さが0の文字列）である場合はFalse、それ以外の場合はTrue**とみなされます。

ユーザーからの入力を受け付け、入力がなければメッセージを表示するプログラムを書いて実行してみましょう。

空文字列は''（もしくは""）というように引用符2つを連続して書いて表現するよ

> **c3_4_4.py**

```
001   text = input('文字を入力してください: ')
002   if text:
003       print('文字が入力されました。')
004   else:
005       print('文字が入力されていません。')
```

> **実行結果**

```
========= RESTART: C:\Users\libroworks\Documents\ninja_python\c3_4_4.py =========
文字を入力してください: あ
文字が入力されました。
>>>
```

```
========= RESTART: C:\Users\libroworks\Documents\ninja_python\c3_4_4.py =========
文字を入力してください:
文字が入力されていません。
>>>
```

変数textの前にブール演算子notが付いているので、**textの判定結果がFalseである場合**（textの値が空文字である場合）**にifのブロックに書かれた処理が実行されます。**

空文字列以外にも、以下の値はすべてFalseとみなされます。

・ Falseとみなされる値

型	Falseとみなされる値
文字列	空文字列
数値	0, 0.0
リスト	[]
タプル	()
辞書	{}
集合	set()

その他の値はすべてTrueとみなされます。

POINT

左のプログラムの2行目は「if text != '':」と書くこともできますが、変数textを直接判定する書き方のほうがより簡潔でPythonらしいといえます。

POINT

リスト、タプルは4章で、辞書、集合は6章で学習します。

達成目標 300 秒

フローチャートを書け

プログラムを見て、フローチャートを書いてください。

```python
password = input('山: ')
text = ''
if password == '川':
    text = '入れ'
else:
    text = '何奴！'
print(text)
```

```
┌─────────────────────────┐
│ password = input('山: ') │
└─────────────────────────┘
          ↓
    ┌─────────────┐
    │  text = ''  │
    └─────────────┘
          ↓
    ◇ password == '川' ◇──── True
          │ False           │
    ┌──────────────┐  ┌──────────────┐
    │ text = '何奴!' │  │ text = '入れ' │
    └──────────────┘  └──────────────┘
          ↓
    ┌──────────────┐
    │ print(text)  │
    └──────────────┘
```

```python
ninja = True
if ninja:
    print('にんにん')
else:
    print('なむなむ')
```

1

```
age = int(input())
if 40 <= age:
    print('上忍')
elif 30 <= age:
    print('中忍')
```

2

```
mail_address = True
password = False
if mail_address:
    if password:
        print('ログイン成功')
    else:
        print('ログイン失敗')
else:
    print('ログイン失敗')
```

3

Pythonにおける改行

　Pythonでは、コーディング規約によって「1行の長さは80字程度以内にすべき」とされています。ただし、1行が長いからといって好きなところで改行すると、Pythonでは改行を1つの文の終わりと認識するので、エラーになってしまいます。ただし、**カッコ（()、[]、{}）の中の改行は許可されている**ため、関数・メソッドに複数の引数を渡す際などはカッコ内で途中で改行することができます。

```python
print('祇園精舎の鐘の声、',
      '諸行無常の響きあり。')
```

実行結果

```
祇園精舎の鐘の声、諸行無常の響きあり。
```

　また、**連続して並んでいる文字列リテラル（引用符で囲まれた文字列）は演算子＋を使わなくても自動で連結される**ので、長い文字列は以下のようにカッコで囲んで途中で改行しながら入力できます。

```python
text = ('祇園精舎の鐘の声、'
        '諸行無常の響きあり。')
```

　行の最後に**継続文字の＼（バックスラッシュ）**を入力すると、改行しても同じ行とみなされます。継続文字を利用して、長い文字列や複雑な計算を複数の行に分けて入力できます。

```python
name = '寿限無 寿限無 五劫のすりきれ 海砂利水魚の水行末 雲来末 風来末 ' ＼
       '食う寝るところに 住むところ やぶらこうじの ぶらこうじ ' ＼
       'パイポ パイポ パイポの シューリンガン シューリンガンの グーリンダイ ' ＼
       'グーリンダイの ポンポコピーのポンポコナの 長久命の長助'
```

　なお、長い文字列を書くための三重クォート文字列というものも用意されています。これは6章で解説します。

4章

データの集まり

ここでは、複数のデータを1つの変数にまとめる仕組み
を紹介します。ここで学ぶ内容が、大量のデータを効率
的に扱うための基礎となります。

SECTION 01 リストやタプルで複数の値をまとめる

ここまで1つの変数には1つの値だけを格納してきましたが、Pythonには複数の値を格納できる、リスト、タプルなどの便利な型があります。

リストの作り方

リストは、これまで登場した数値、文字列、真偽値などとは異なり、複数の値をまとめて格納できる型です。格納される値は、「要素」と呼ばれます。

POINT

リスト内の個々の要素は型が異なっていてもよく、数値、文字列、真偽値を1つのリストに格納することもできます。

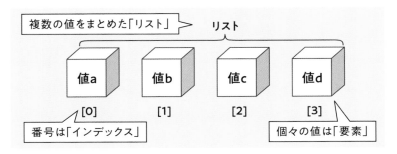

複数の値をまとめた「リスト」　リスト

値a [0] 値b [1] 値c [2] 値d [3]

番号は「インデックス」　　個々の値は「要素」

複数の値をまとめて格納できる型はリスト以外にもありますが、リストの大きな特徴は**要素に順番を付けて管理できる**、**作成した後に要素の順番や内容を書き換えることができる**という2点です。リストを作成する時は、0個以上の要素をカンマで区切り、全体を [] (角カッコ) で囲みます。

角カッコの中に何も要素を書かずに、データを格納していない空リストを作ることもできるよ

```
walks = ['抜き足', '差し足', '忍び足']
```

リストの要素の参照、書き換え

リストの個々の要素は、順番を示す数値 (**インデックス**) を付けて管理されています。リスト全体ではなく個々の要素を参照したい場合、リスト名の後ろに [] で囲んだ数字を書きます。インデックスは先頭からの相対的な距離を指定するため、**先頭は0から数えはじめます。**

リスト walks から要素を取り出すプログラムを書いて実行しましょう。

POINT

文字列でも、データの順番は0から数え始めたことを思い出してください。

> c4_1_1.py

```
001  walks = ['抜き足', '差し足', '忍び足']
002  print(walks[1])
```

⊙ 実行結果

```
差し足
```

　また、**リストを作成した後に個々の要素を書き換えることができます。**
インデックス[1]の要素を書き換えた後、リスト全体を参照するようプログラムを書き換えてみましょう。

> c4_1_1.py

```
001  walks = ['抜き足', '差し足', '忍び足']
002  print(walks)
003  walks[1] = '駆け足'  ……インデックス[1]の要素を書き換え
004  print(walks)
```

⊙ 実行結果

```
['抜き足', '差し足', '忍び足']
['抜き足', '駆け足', '忍び足']
```

リストのリストを作る

　リストには型の異なるデータをまとめて格納できますが、**リストの中に
リストを格納して入れ子状にすることもできます。**

> c4_1_2.py

```
001  ninja = ['佐助', '才蔵', '六郎']
002  samurai = ['信長', '秀吉', '家康']
003  people = [ninja, samurai]
004  print(people)
```

⊙ 実行結果

```
[['佐助', '才蔵', '六郎'], ['信長', '秀吉', '家康']]
```

値を書き換えられるの
がリストの特徴だ

📥 **参考URL**

リスト
https://docs.python.org/
ja/3.9/library/stdtypes.
html#lists

リストのリストのリスト
……というようにいくら
でも複雑なデータ構造
を作ることができる

peopleに格納されたninjaから先頭の要素を取り出したい場合は、インデックスを2つ指定すると取り出せます。

```
004    print(people[0][0])
```

● 実行結果

```
[['佐助', '才蔵', '六郎'], ['信長', '秀吉', '家康']]
佐助‥‥‥‥‥‥‥‥‥‥今回の実行結果
```

リストの要素の追加、削除

リストの**append**メソッドを使えば、リストの末尾に要素を追加することができます。

> c4_1_3.py

```
001    shogun = ['秀忠', '家綱']
002    shogun.append('綱吉')
003    print(shogun)
```

● 実行結果

```
['秀忠', '家綱', '綱吉']
```

appendメソッドではリストの末尾にしか要素を追加できませんが、**insert**メソッドを使えば要素を追加するインデックスを指定することができます。

```
004    shogun.insert(1, '家光')
005    print(shogun)
```

● 実行結果

```
['秀忠', '家綱', '綱吉']
['秀忠', '家光', '家綱', '綱吉']
```

extendメソッドで、他のリストを末尾に結合することもできます。

```
006    matsudaira = ['家康', '健']
007    shogun.extend(matsudaira)
008    print(shogun)
```

リストには値を変更するための豊富なメソッドがあるよ

POINT

リストの結合は、演算子+=を使って「shogun += matsudaira」と書くこともできます。

実行結果

```
['秀忠', '家綱', '綱吉']
['秀忠', '家光', '家綱', '綱吉']
['秀忠', '家光', '家綱', '綱吉', '家康', '健']
```

　ここで、リストshogunに'健'という値が含まれているのはおかしいと判明したとします。そのような場合は、値を指定して要素を削除するremoveメソッドを実行します。

```
009    shogun.remove('健')
010    print(shogun)
```

個人的には、matsudairaの'健'はリストshogunに含めていいと思うのだが……

実行結果

```
……前略……
['秀忠', '家光', '家綱', '綱吉', '家康', '健']
['秀忠', '家光', '家綱', '綱吉', '家康']
```

　popメソッドを使うと、リストから要素を取り出して、同時にその要素を削除できます。引数にはインデックスを指定しますが、指定しなければ自動的に末尾の要素を取り出して削除します。

　末尾の要素をpopメソッドで取り出して変数に格納した後、insertメソッドで先頭に追加してみましょう。

```
011    shodai = shogun.pop()
012    print(shodai)
013    shogun.insert(0, shodai)
014    print(shogun)
```

POINT

popメソッドの戻り値を変数shodaiに格納せず、insertメソッドの2つ目の引数に直接shogun.pop()を渡すこともできます。

実行結果

```
……前略……
['秀忠', '家光', '家綱', '綱吉', '家康']
家康
['家康', '秀忠', '家光', '家綱', '綱吉']
```

タプルの作り方

タプルもリストと同じく0個以上の要素を集めたものですが、タプルは作成した後に要素を追加、編集、削除することができません。内容が変わらないデータや、変えられては困るデータをまとめて格納したい時は、リストではなくタプルを使います。

タプルを作成する時は、0個以上の要素をカンマで区切り、全体を（）（丸カッコ）で囲みます。

 参考URL

タプル
https://docs.python.org/
ja/3.9/library/stdtypes.
html#tuples

> c4_1_4.py

```
001   place_tuple = ('甲賀', '伊賀', '戸隠')
002   print(place_tuple)
```

実行結果

```
('甲賀', '伊賀', '戸隠')
```

タプルから要素を参照する場合は、リストと同じように変数名の後に [] で囲んでインデックスを指定します。

POINT

要素が1つのタプルも、末尾にカンマを付けて作ります。

タプルは複数代入にも使われている

P.44に登場した「x, y = 20, 21」のような複数同時の代入も、タプルの仕組みを利用している例です。式の右辺の「20, 21」は一度タプルとして作成されてから（タプルは、値がカンマで区切られていれば全体が () で囲まれていなくても作成されます）、その後に個々の要素に分解されて、左辺の複数の変数に代入されます。このように一度作成されたタプルが要素に分解されることをタプルのアンパックといいます。

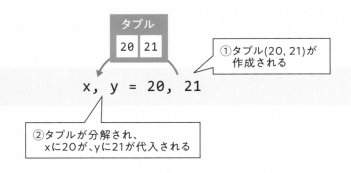

タプル
| 20 | 21 |

①タプル(20, 21)が作成される

x, y = 20, 21

②タプルが分解され、xに20が、yに21が代入される

出力結果を書け①

プログラムを見て、最後に表示される出力結果を書き込んでください。

```
iroha_list = ['い', 'ろ', 'は', 'に', 'ほ', 'へ', 'と']
print(iroha_list[3])
```

に

4章 ▼ データの集まり

1
```
grade = ['松', '竹', '梅']
print(grade[2])
```

2
```
class_list = ['下忍', '上忍']
class_list.insert(1, '中忍')
print(class_list)
```

3
```
ranking = ['前田', '大島', '篠田']
ranking[0], ranking[1] = ranking[1], ranking[0]
print(ranking)
```

スライスでデータの一部を取り出す

リスト、タプルなど順序で管理されているデータは、「何番から何番まで」という形でほしい部分を指定して、一部だけを取り出すことができます。

スライスとはリスト、タプルなどから部分的にデータを取り出す記法です。[ ]（角カッコ）の中に、スライスを開始するインデックス（start）、スライスを終了するインデックス（end）、いくつおきに要素を取り出すか（step）、の3つを：（コロン）で区切って書くことで指定します。

[start : end : step]

開始するインデックス　　終了するインデックス（※）　いくつおきに取り出すか

※…endの1つ手前のインデックスまでが切り取られるので、
　　スライスとして取り出されるのはend-1のインデックスまで

値は省略可能で、startを省略すると先頭のインデックスから、endを省略すると末尾のインデックスまで、stepを省略すると1つおきにデータを取り出すことになります。

以下は、ひらがなの文字列をまとめたリストを作ってインデックス4から末尾までを切り取って表示するプログラムです。

> **c4_2_1.py**

```
001   letters = ['い', 'ろ', 'は', 'に', 'ほ', 'へ', 'と']
002   print(letters[4:])  ················· startのみ指定
```

実行結果

```
['ほ', 'へ', 'と']
```

2行目のスライスの指定を変更してみましょう。endのみを指定すると、先頭から指定した値-1のインデックスまでを切り取ります。

```
003   print(letters[:4])  ················· endのみ指定
```

リストのスライスはリスト、タプルのスライスはタプルになるよ

POINT

リストやタプルはこの後に説明するシーケンスの1種なので、スライスで一部を取り出すことができます。

⊙ **実行結果**

> ……前略……
> ['い', 'ろ', 'は', 'に']

stepを指定すると、いくつおきに要素を取り出すかを変更できます。たとえば、stepを2にすると、2つおきに要素を取り出します。

```
004   print(letters[::2]) ………………… stepのみ指定
```

⊙ **実行結果**

> ……前略……
> ['い', 'は', 'ほ', 'と']

また、**インデックスに負の数を入れると、末尾から順番を数えます**。以下の図のように、リストlettersの要素のインデックスは2通りの方法で表現できます。

| 'い' | 'ろ' | 'は' | 'に' | 'ほ' | 'へ' | 'と' |

| 0 | 1 | 2 | 3 | 4 | 5 | 6 |
| -7 | -6 | -5 | -4 | -3 | -2 | -1 |

このことを利用して、startに負の数を入れると、「末尾から○文字を取り出す」という操作ができます。

```
005   print(letters[-3:])
```

⊙ **実行結果**

> ……前略……
> ['ほ', 'へ', 'と']

stepに負の数を指定すると、末尾から先頭へ要素を逆順に数えていきます。stepに-1を指定すると、要素を逆順に表示できます。

```
006   print(letters[::-1])
```

⊙ **実行結果**

> ……前略……
> ['と', 'へ', 'ほ', 'に', 'は', 'ろ', 'い']

スライスの結果を書け

プログラムを見て、最後に表示される出力結果を書き込んでください。
すべて、例と同じリスト alphabets をスライスしているものとします。

4章 ▼ データの集まり

```
alphabets = ['a', 'b', 'c', 'd', 'e', 'f', 'g']
print(alphabets[1:5])
['b', 'c', 'd', 'e']
```

1 `print(alphabets[4:])`

2 `print(alphabets[2:5])`

3 `print(alphabets[:-5])`

4 `print(alphabets[2:-2])`

5 `print(alphabets[:4:2])`

6 `print(alphabets[1::3])`

7 `print(alphabets[2::-1])`

8 `print(alphabets[4:1:-1])`

スライスを書け

出力結果を見て、プログラムの空白部分を書き込んでください。
すべて、例と同じリストalphabetsをスライスしているものとします。

```
alphabets = ['a', 'b', 'c', 'd', 'e', 'f', 'g']
print(alphabets[ 1:5 ])
['b', 'c', 'd', 'e']
```

4章 ▼ データの集まり

1
```
print(alphabets[          ])
['d', 'e', 'f', 'g']
```

2
```
print(alphabets[          ])
['a', 'b', 'c']
```

3
```
print(alphabets[          ])
['c', 'd']
```

4
```
print(alphabets[          ])
['e', 'f']
```

5
```
print(alphabets[          ])
['a', 'c', 'e', 'g']
```

6
```
print(alphabets[          ])
['b', 'e']
```

7
```
print(alphabets[          ])
['d', 'c', 'b', 'a']
```

8
```
print(alphabets[          ])
['f', 'e']
```

SECTION 03 シーケンス演算

ここでは、リストやタプルなど順序を持つデータの集合である「シーケンス」に対して行えるさまざまな演算を紹介します。

シーケンスとは

ここまでに登場した文字列、リスト、タプルは、順序を持ったデータの集合、**シーケンス**の1種です。

用語が多く登場してわかりにくいかもしれませんが、シーケンス、文字列、リスト、タプルの関係を図で表すと以下のようになります。

> 6章で登場する辞書や集合はシーケンスではない

シーケンス

文字列 ／ リスト ／ タプル

シーケンスの特徴は、**要素が順序を持って管理されている**という点です。リスト、タプルはどちらも0個以上の要素をまとめており、どちらも個々の要素がインデックスを付けられて順序で管理されています。

文字列は文字のシーケンス

先ほどの図には文字列も登場していましたが、文字列もシーケンスの一種で、文字列に含まれている個々の文字はインデックスで管理されています。

文字列を作成した後、インデックスを指定して一部を取り出してみましょう。

> **c4_3_1.py**

```
001  letters = 'いろはにほへと'
002  print(letters[4])
```

> ● 実行結果

```
ほ
```

POINT

文字列は、タプルと同じく作成した後に値を書き換えることができません。文字列のupperメソッド、replaceメソッドなどは、文字列を書き換えているわけではなく、新しい文字列を戻り値として返しています。

共通で使用できるシーケンス演算

数値に対して足し算や掛け算などが行えるのと同じように、シーケンスに対してもさまざまな演算を行うことができます。これから紹介する演算は、文字列、リスト、タプルのどれに対しても使用することができます。

まずは演算子を使った演算を紹介します。
演算子inを使うとシーケンスにある値が含まれているかを調べることができます。文字列に対して演算子inを使うと、左辺の文字列が右辺の文字列に部分的に含まれているかを判定します。

> **c4_3_2.py**

```
001   print('end' in 'friend')
```

◉ **実行結果**

```
True
```

以下のプログラムでは、リスト member を作成した後、その中に文字列'福島'、'石田'がそれぞれ含まれるかを判定しています。

> **c4_3_3.py**

```
001   member = ['福島', '加藤', '加藤', '脇坂',
002             '平野', '糟谷', '片桐']
003   print('福島' in member)
004   print('石田' in member)
```

◉ **実行結果**

```
True
False
```

次に、シーケンスのメソッドを紹介します。
indexメソッドを使うと、ある値がシーケンスの中で最初に登場するインデックスが戻り値として返ってきます。先ほどのプログラムに、文字列'加藤'が最初に登場するインデックスを表示する行を追加してみましょう。

POINT

インデックスを指定して1つの要素を取り出すのも、スライスして一部を取り出すのもシーケンス演算の1つです。

参考URL

共通のシーケンス演算
https://docs.python.org/ja/3.9/library/stdtypes.html#common-sequence-operations

サンプルではリストを使っているけど、タプルでも同じことができるよ

```
005    print(member.index('加藤'))
```

実行結果

```
……前略……
1
```

countメソッドを使うと、シーケンスの中である値が登場する回数がわかります。一度も登場しない場合は戻り値が0になります。プログラムに以下の行を追加してみましょう。

```
006    print(member.count('加藤'))
007    print(member.count('平野'))
```

実行結果

```
……前略……
2
1
```

続いて、関数を使ったシーケンス演算を紹介します。

len関数を使うと、要素の数を取得できます。リストmemberの要素の数を表示する行を追加します。

```
008    print(len(member))
```

実行結果

```
……前略……
7
```

min関数を使うと最小の要素を、max関数を使うと最大の要素を取得できます。

シーケンスの要素が数値の場合は最小、最大の数値を取得します。

c4_3_4.py

```
001    numbers = (42, 24, 28, 31)
002    print(min(numbers), max(numbers))
```

実行結果

```
24 42
```

POINT

indexメソッドの引数として、シーケンスに含まれていない値を指定するとエラーが発生します。事前に演算子inでその値がシーケンスに含まれていることを確認するなどの工夫が必要です。

文字列に対してlen関数を実行すると文字数がわかるよ

POINT

要素が文字列のシーケンスでmin関数、max関数を使うと、それぞれ文字コード順で最初に登場するもの、最後に登場するものを取得します。

リストに対して使用できるシーケンス演算

リストはタプル、文字列と違って、作成した後に値を編集することができます。そのため、リストにだけ使えるシーケンス演算が存在します。

リストを作成した後、インデックスではなく値の順序で要素を並べ替えたくなった時には、リストの**sortメソッド**を使います。リストの要素が数値なら数値の昇順で、文字列なら文字コードの昇順で並べ替えます。

📥 **参考URL**

ミュータブルなシーケンス型
https://docs.python.org/
ja/3.9/library/stdtypes.
html#mutable-sequence-
types

> **c4_3_5.py**

```
001    ages = [46, 48, 44, 48, 47]
002    ages.sort()
003    print(ages)
```

▶ 実行結果

```
[44, 46, 47, 48, 48]
```

sortメソッドを使うとリストages自体が編集されますが、**sorted関数**を使うとリストを並べ替えた後のコピーが戻り値として返ってきます。引数として渡したリスト自体は並べ替えられる前の状態のままなので、sortメソッドよりこちらのほうが便利なことが多いでしょう。

POINT

sortメソッドはリストを並べ替えるだけの処理で、戻り値を返さないため、print(numbers.sort())を書いても画面には「None」（表示するものがないことを示す値）が表示されます。

> **c4_3_6.py**

```
001    ages = [46, 48, 44, 48, 47]
002    ages_sorted = sorted(ages)
003    print(ages)
004    print(ages_sorted)
```

▶ 実行結果

```
[46, 48, 44, 48, 47]
[44, 46, 47, 48, 48]
```

出力結果を書け②

プログラムを見て、最後に表示される出力結果を書き込んでください。

4章 ▼ データの集まり

```python
alphabets = ['a', 'b', 'c', 'd', 'e', 'f', 'g']
print(len(alphabets))
```

7

1
```python
texts = ('ninja', 'samurai', 'fujiyama')
print(texts[2][4:])
```

2
```python
texts = ('ninja', 'samurai', 'fujiyama')
print(texts[1].upper())
```

3
```python
first_names = ['佐助', '才蔵', '六郎', '十蔵']
print('半蔵' in first_names)
```

4
```python
birth_years = (1972, 1974, 1977, 1973, 1972)
print(max(birth_years) - min(birth_years))
```

```
birth_years = [1972, 1974, 1977, 1973, 1972]
birth_years.sort()
print(birth_years[2])
```

5

```
birth_years = [1972, 1974, 1977, 1973, 1972]
birth_years_sorted = sorted(birth_years)
print(birth_years.index(1973) - birth_years_sorted.index(1973))
```

6

```
animals = ['dog', 'elephant', 'shark']
birds = ['hawk', 'dove', 'robin']
animals.extend(birds)
print(len(animals))
```

7

```
animals = ['dog', 'elephant', 'shark']
birds = ['hawk', 'dove', 'robin']
animals.append(birds)
print(len(animals))
```

8

リストの変数への代入とコピー

　リストのように値を変更できる型を**ミュータブル**な型、文字列、タプルのように値を変更できない型を**イミュータブル**な型といいます。この違いが、少し不思議な現象を引き起こすことがあります。

　1つのリストを複数の変数に代入し、そのうちの1つの変数でリストの内容を変更した後、変数を2つとも表示してみましょう。

> **c4_3_7.py**

```
001    shogun = ['家康', '秀忠', '家光']
002    uesama = shogun ·············· 変数から変数に代入
003    shogun[0] = '竹千代' ·········· インデックス0の要素を変更
004    print(shogun)
005    print(uesama)
```

実行結果

```
['竹千代', '秀忠', '家光']
['竹千代', '秀忠', '家光']
```

　変数shogunのインデックスを指定してリストを編集したのに、変数uesamaの内容も書き換わっています。これは、下図のように変数shogunも変数uesamaも同じ1つのリストの値を参照しているからです。同じリストに、shogunとuesamaという2つのラベルが貼られているようなイメージです。

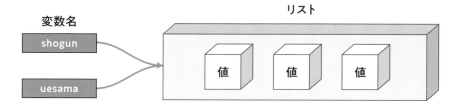

　編集する前のリストを残しておきたい場合は、リストの**copy**メソッドで編集前のリストのコピー（別の値）を作って別の変数に代入する方法があります。また、スライスは新しいリストやタプルを返す性質を持つので、それを利用して[:]で全体をスライスしたものを別の変数に代入するという方法もあります。

処理を繰り返す

プログラムの3つの構造のうち、最後の繰り返しについて学習します。繰り返しによって、少ない記述でこれまでよりずっと多くの処理を行えるようになります。

for文による繰り返し

同じ処理を2回以上行わないといけない場合でも、繰り返しを使えばプログラムに処理を書くのは1回だけで済むので、プログラミングの効率が大きく上がります。

繰り返しとは

P.62でも登場した、プログラムの3つの構造を思い出してください。

順次	上から下へ書かれた処理を順番に実行する
条件分岐	条件にしたがって処理を分岐させる
繰り返し	特定の処理を繰り返し行う

繰り返しこそコンピュータが得意な作業だ

　これまで学んできた順次構造と条件分岐構造では、同じ処理を何度も行いたい場合、たとえば「マトの数だけ手裏剣を投げつづける」といった処理を行う場合は、行いたい回数だけ同じ処理を書かなければいけません。
　そこで、3つの構造のうち最後の**繰り返し**を使うと、「手裏剣を投げる」という処理を書くのは1回だけでよくなります。このように**同じ処理を何度も実行する**という動作を実現するための構造が、繰り返しです。
　繰り返しをフローチャート上で表現する時は、以下のように**繰り返しの開始部分と終了部分を、角を落とした四角形で書きます**。

繰り返しは、フローチャート上で輪っかの形になることから**ループ**とも呼ばれるよ

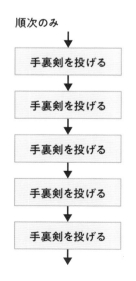

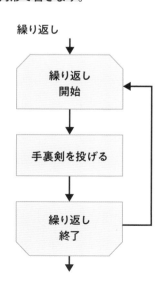

for文の書き方

for文は、対象となる要素の数だけ、その下に書かれた処理を行うことができる構文です。

for文を書く時は、キーワードforの後ろに変数、キーワードin、繰り返しの対象（下の図ではリスト）を書いて、行の最後にコロンを付けます。

このように書くことで、リストの要素が1つずつ変数に格納されてはその下のインデントされた処理を実行し、それを**リストの要素の数だけ繰り返します**。

リストtargetsを作成した後、targetsの要素の数だけメッセージの表示を繰り返すプログラムを書いて実行してみましょう。

> **c5_1_1.py**

```
001    targets = ['マトA', 'マトB', 'マトC']
002    for target in targets:
003        print(target + 'に手裏剣を投げた')
```

実行結果

```
マトAに手裏剣を投げた
マトBに手裏剣を投げた
マトCに手裏剣を投げた
```

スライスを組み合わせることで、リストの一部のみに対して繰り返し処理を行うこともできます。先ほどのプログラムの2行目を書き換えてみましょう。

> **c5_1_1.py**

```
001    targets = ['マトA', 'マトB', 'マトC']
002    for target in targets[1:]: ……… スライスを追加
003        print(target + 'に手裏剣を投げた')
```

POINT

リストだけではなく、タプル、文字列やこの後で登場する辞書、集合など、要素を1つずつ取り出して返すものはfor文で処理できます。

参考URL

for文
https://docs.python.org/ja/3.9/reference/compound_stmts.html#the-for-statement

5章
▼
処理を繰り返す

リストtargetsの要素が1つずつ順番に変数targetに入っているね

> 実行結果

```
マトBに手裏剣を投げた
マトCに手裏剣を投げた
```

range関数を使って指定した数だけ処理を繰り返す

range関数は、（start, end, step）というスライスと似た形式で引数を指定して、startとend-1の範囲にある整数を作り出す関数です。range関数に引数を1つだけ渡すとendの値が指定され、**0から引数-1の範囲にある整数を作ります。たとえば、range関数に引数として5を渡すと、0, 1, 2, 3, 4が作られます。

このrange関数とfor文を組み合わせると、**指定した回数だけ処理を繰り返すプログラムを簡潔に書くことができます。range関数に指定した引数の数だけ処理を繰り返すプログラムを書いて実行します。

> c5_1_2.py

```
001   for count in range(5):
002       print('ブレーキランプ点滅', count)
```

> 実行結果

```
ブレーキランプ点滅 0
ブレーキランプ点滅 1
ブレーキランプ点滅 2
ブレーキランプ点滅 3
ブレーキランプ点滅 4
```

このプログラムで処理が5回繰り返されたのは、range関数に引数5を渡して0, 1, 2, 3, 4という数値が作られた結果です。単純に引数に5を設定したから5回繰り返されたわけではなく、数値が5個作られたから5回繰り返されたということに注意しましょう。

要素と順番を同時に出力する

リストやタプルなどの要素とその順番が必要な場合は、**enumerate関数**を使います。リストwordsを作成して、それをenumerate関数に引数として渡した結果をfor文で処理するプログラムを書いて実行しましょう。

POINT

range関数に引数を1つ渡すとendとして、引数を2つ渡すと1つ目はstart、2つ目はendとして設定されます。

スライスと同じく、endとして指定した値-1の値までを作ることに注意だ

5章 ▼ 処理を繰り返す

> c5_1_3.py

```
001   words = ['fuji', 'taka', 'nasubi']
002   for num, word in enumerate(words):
003       print(num, word)
```

● 実行結果

```
0 fuji
1 taka
2 nasubi
```

2行目で、P.44で登場した「複数同時の代入」を行っているよ

　enumerate関数からは、順番を表す数値が1つ目の要素、引数として渡したwordsの要素が2つ目の要素としてタプルにまとめられて返ってきます。それらを1つずつ変数num, wordに代入し、インデントされた処理を行う、ということが繰り返されます。

```
words = ['fuji', 'taka', 'nasubi']
for  num, word  in enumerate(words):
              ↑
            ──(0, 'fuji')
              (1, 'taka')
              (2, 'nasubi')
```

参考URL

enumerate
https://docs.python.org/
ja/3.9/library/functions.
html#enumerate

　enumerate関数では、キーワード引数startを設定することで、カウントを始める数を変更できます。先ほどのプログラムの2行目を書き換えて、カウントを1から行うようにしてみましょう。

> c5_1_3.py

```
001   words = ['fuji', 'taka', 'nasubi']
002   for num, word in enumerate(words, start=1): …変更
003       print(num, word)
```

● 実行結果

```
1 fuji
2 taka
3 nasubi
```

カウントは、インデックスと同じくデフォルトでは0から数えはじめるよ

繰り返しの中に繰り返しを書く

　条件分岐の中に条件分岐を作ることができたように、**繰り返しの中に繰り返しを書いて入れ子状にすることによって、多重のループを作ることもできます。**

　例として、アルファベットで日本語の50音を出力するプログラムを考えてみましょう。

　日本語の50音は、子音（k, s, t, n…）と5つの母音（a, i, u, e, o）を組み合わせることで表現できます。

　これをプログラムで表現すると、母音、子音それぞれのリストを作成した後、まず子音を入れたリストを処理するfor文を書き、その中に母音を入れたリストを処理するfor文を書いて、二重のループを作ります。

もちろん、条件分岐の中に繰り返しを書いたり、繰り返しの中に条件分岐を書くこともできる

出力する順番					
①	あ a	い i	う u	え e	お o
②	か ka	き ki	く ku	け ke	こ ko
③	さ sa	し si	す su	せ se	そ so
④	た ta	ち ti	つ tu	て te	と to
⑤	な na	に ni	ぬ nu	ね ne	の no

　実際にナ行までをアルファベットで出力するプログラムは以下のようになります。

≫ c5_1_4.py

```
001   consonants = ['', 'k', 's', 't', 'n']
002   vowels = ['a', 'i', 'u', 'e', 'o']
003   for consonant in consonants:
004       for vowel in vowels:
005           print(consonant + vowel)
```

POINT

最初に出力するア行は頭に子音を付けないため、子音のリストconsonantsの最初の要素は空文字列にしています。

104

● 実行結果

```
IDLE Shell 3.9.5

File  Edit  Shell  Debug  Options  Window  Help
Python 3.9.5 (tags/v3.9.5:0a7dcbd, May  3 2021, 17:27:52) [MSC v.1
D64)] on win32
Type "help", "copyright", "credits" or "license()" for more inform
>>>
========= RESTART: C:¥Users¥libroworks¥Documents¥ninja_python¥c5_1
a
i
u
e
o
ka
```

```
tu
te
to
na
ni
nu
ne
no
>>>
```

プログラムにはprint
関数を1回しか書いて
いないが、繰り返しに
よって25行も出力し
ている

　実行結果を見ると、外側のfor文が子音のリストconsonantsを1回処
理する間に、内側のfor文が母音のリストvowelsを5回処理することを繰
り返していることがわかります。

　下の図は、プログラムが子音の変数consonantと母音の変数vowelに
代入された値を出力している様子を図にしたものです。

> 外側のfor文 1回目の処理
> consonant = ''
>
> 内側のfor文 1回目の処理 vowel = 'a' 出力値: a
> 内側のfor文 2回目の処理 vowel = 'i' 出力値: i
> 内側のfor文 3回目の処理 vowel = 'u' 出力値: u
> 内側のfor文 4回目の処理 vowel = 'e' 出力値: e
> 内側のfor文 5回目の処理 vowel = 'o' 出力値: o

> 外側のfor文 2回目の処理
> consonant = 'k'
>
> 内側のfor文 1回目の処理 vowel = 'a' 出力値: ka
> 内側のfor文 2回目の処理 vowel = 'i' 出力値: ki
> 内側のfor文 3回目の処理 vowel = 'u' 出力値: ku
> 内側のfor文 4回目の処理 vowel = 'e' 出力値: ke
> 内側のfor文 5回目の処理 vowel = 'o' 出力値: ko

繰り返しでも、処理が
複雑になってプログラ
ムを書くのが難しく
なってきたら、フロー
チャートを書いて流れ
を整理してみよう

5
章

▼

処理を繰り返す

出力結果を書け③

プログラムを見て、最後に表示される出力結果を書き込んでください。

```python
targets = ['マトA', 'マトB', 'マトC']
for target in targets:
    print(target + 'に手裏剣を投げた')
```

マトAに手裏剣を投げた

マトBに手裏剣を投げた

マトCに手裏剣を投げた

1
```python
point_list = [92, 88, 84]
for point in point_list:
    print(point, '点です')
```

2
```python
point_list = [92, 88, 84]
for point in point_list:
    if 85 <= point:
        print(point, '点です')
```

```
point_list = [92, 88, 84]
for count, point in enumerate(point_list, start=1):
    print(count, '回目の点数は', point, '点です')
```

3

```
for count in range(10):
    print('Pizza')
```

4

```
for count in range(3, 0, -1):
    print(count)
print('Liftoff')
```

5

```
given_names = ['Samuel', 'Michael']
family_names = ['Johnson', 'Jackson']
for given_name in given_names:
    for family_name in family_names:
        print(given_name, family_name)
```

6

内包表記

コンパクトにリストを作成できる内包表記を使えるようになると、Python 初心者レベルは卒業と言ってよいでしょう。

内包表記で繰り返しをコンパクトに書く

1から5までの整数のリストを作成したい場合、以下のようにfor文とrange関数を組み合わせた繰り返しを使うことで作成できます。

range関数は引数として渡されたend-1の数値までを作ることを思い出してね

» c5_2_1.py

```
001   number_list = []
002   for count in range(1, 6):
003       number_list.append(count)
004   print(number_list)
```

◯ 実行結果

```
[1, 2, 3, 4, 5]
```

または、range関数の戻り値を**list関数**でリストに変換することでも作成できます。

参考URL

リストの内包表記
https://docs.python.org/ja/
3.9/tutorial/datastructures.
html#list-comprehensions

» c5_2_2.py

```
001   number_list = list(range(1, 6))
002   print(number_list)
```

◯ 実行結果

```
[1, 2, 3, 4, 5]
```

これらのプログラムでも問題はありませんが、**リスト内包表記**を使うと、より Python らしく簡潔なプログラムになります。次のプログラムがリスト内包表記の例です。

角カッコの中にfor文を内包しているので、内包表記と呼ばれているよ

» c5_2_3.py

```
001   number_list = [n for n in range(1, 6)]
002   print(number_list)
```

▶ 実行結果

```
[1, 2, 3, 4, 5]
```

for文の実行結果が、リストnumber_listにまとめて代入されています。
1行目のリスト内包表記の部分は、図のような構成になっています。

```
        キーワードfor    キーワードin
        式      変数  繰り返し処理の対象
number_list = [n for n in range(1, 6)]
```

1つ目のnはリストに入れる値を作るための式で、2つ目のnはfor文の
一部である変数です。1つ目のnの部分は式なので、たとえばfor文の実
行結果の平方をリストに代入することもできます。

▷ c5_2_4.py

```
001   number_list = [n ** 2 for n in range(1, 6)]
002   print(number_list)
```

▶ 実行結果

```
[1, 4, 9, 16, 25]
```

POINT

** はべき乗の演算子です。
数値の計算を行う演算子に
ついては、P.29を参照して
ください。

if句で条件に合う要素だけを抽出する

リスト内包表記では、if句を追加して条件を満たすものだけを抽出する
こともできます。
以下のプログラムでは奇数のみをリストに代入します。

▷ c5_2_5.py

```
001   number_list = [n for n in range(1, 6) if n % 2 == 1]
002   print(number_list)
```

▶ 実行結果

```
[1, 3, 5]
```

POINT

演算子%の計算結果は、左
辺を右辺で割った余りにな
ります。2で割った結果が
1ならば奇数ということが
できます。

出力結果を書け④

プログラムを見て、表示される出力結果を書き込んでください。

```
number_list = [number ** 2 for number in range(1, 6)]

print(number_list)
```
                    [1, 4, 9, 16, 25]

1
```
number_list = [number for number in range(10, 51, 10)]
print(number_list)
```

2
```
number_list = [number for number in range(1, 20)
                if number % 3 == 0]
print(number_list)
```

3
```
words = ['Man', 'Soul', 'Quiz']
ultra_words = ['Ultra' + word for word in words]
print(ultra_words)
```

```
point_list = [91, 68, 75, 80]

passed = [point for point in point_list if point >= 80]

print(passed)
```

```
price_list = [1000, 1400, 2000, 1200]

wish_list = [price for price in price_list

             if price * 1.1 <= 1500]

print(wish_list)
```

```
guests = ['Ms. Larson', 'Mr. Evans', 'Ms. Olsen', 'Mr. Renner']

female_guests = [guest for guest in guests if 'Ms.' in guest]

print(female_guests)
```

```
member_list = [['Okamura', 'Yabe'],

               ['Takeda'],

               ['Arino', 'Hamaguchi']]

duo_list = [group for group in member_list if len(group) == 2]

print(duo_list)
```

SECTION 03 while文による繰り返し

繰り返しには、for文だけでなく条件を満たす間は処理を繰り返すwhile文もあります。あらかじめ回数が決まっていない繰り返しにはこちらを使います。

while文の書き方

for文を使うとリストなどに対して要素の数だけ処理を繰り返すことができますが、回数が決まっていない繰り返しの処理はできません。

回数が決まっていない繰り返しを行うには、条件を満たしている限り処理を繰り返す**while文**を使います。while文は、キーワードwhileの後に条件となる式を書く、if文に近い形式で書きます。

「条件」は3章で学習した条件分岐だけでなく、繰り返しにも使えるよ

```
キーワードwhile    式    コロン
while␣password != '川':
␣␣␣␣実行する処理
```

以下のプログラムは、while文を使って、合い言葉「川」が入力されるまでinput関数で入力を求めつづけるプログラムです。2行目にキーワードwhileと繰り返しを続ける条件が書かれ、条件を満たしている限りその下のインデントされた処理を繰り返します。

▶ **c5_3_1.py**

```
001   password = ''
002   while password != '川':
003       password = input('山？: ')
004   print('入れ')
```

参考URL

while文
https://docs.python.org/ja/3.9/reference/compound_stmts.html#the-while-statement

実行結果

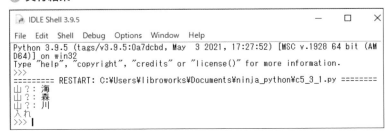

```
IDLE Shell 3.9.5                                    —  □  ×
File  Edit  Shell  Debug  Options  Window  Help
Python 3.9.5 (tags/v3.9.5:0a7dcbd, May  3 2021, 17:27:52) [MSC v.1928 64 bit (AM
D64)] on win32
Type "help", "copyright", "credits" or "license()" for more information.
>>>
========= RESTART: C:\Users\libroworks\Documents\ninja_python\c5_3_1.py =========
山？: 海
山？: 森
山？: 川
入れ
>>>
```

POINT

文字列'川'が入力されたら繰り返しを終了したいので、「入力された文字列が'川'ではない」という条件にしています。

5章 ▼ 処理を繰り返す

実行するとinput関数によって文字列の入力を求められ、'川'が入力されるまで何度でも3行目の処理が繰り返されます。'川'が入力されてwhile文の繰り返しを抜けると、インデントされていない4行目の処理が実行され、文字列'入れ'が表示されます。

while文で値の更新を繰り返す

「値の更新を繰り返し、値が条件に当てはまらなくなるまで繰り返しを続ける」という処理を行う時にもfor文ではなくwhile文を使います。

例として、「**所持金が1,500円以上である限り1,000円の商品を買いつづける**」というプログラムを考えてみましょう。

所持金を変数in_pocketとすると、whileの直後に書く「所持金が1,500円以上である限り」という条件式は「**1500 <= in_pocket**」となります。繰り返しの中で、購入した商品の数を1個ずつ増やし、所持金から1,000円を減らした後、商品の数と残りの所持金を表示するプログラムを書いて実行してみましょう。

> **c5_3_2.py**

```
001  in_pocket = 3500 …所持金
002  item_count = 0 ……購入した商品の数
003  while 1500 <= in_pocket:
004      item_count += 1 ……………………購入した商品を1つ増やす
005      in_pocket -= 1000 ………………所持金を1000円減らす
006      print('商品を', item_count, '個購入して'
007          '残金は', in_pocket, '円')
```

> **実行結果**

```
商品を 1 個購入して残金は 2500 円
商品を 2 個購入して残金は 1500 円
商品を 3 個購入して残金は 500 円
```

このプログラムでは1行目で変数in_pocketに初期値として3500を代入したのでwhile文の中の処理は3回行われましたが、初期値が変われば繰り返しの回数も変わります。このように、**回数があらかじめ決まっていない繰り返し処理については、for文ではなくwhile文を使います。**

POINT

+=は足し算、-=は引き算を行う累算代入演算子です。累算代入演算子について忘れてしまった場合はP.45で復習しましょう。

for文とwhile文をうまく使い分けよう

前判定と後判定

先ほどのプログラムでは、in_pocketの初期値が3500になっていましたが、**もしもこの初期値が1500より小さかった場合、最初からwhile文の条件が成立していないので繰り返しの処理は一度も行われません。**

これは、while文が、条件として書いた「1500 <= in_pocket」を判定してから、インデントした繰り返し処理を実行するためで、このように「条件を判定してから繰り返しの処理を行う」という繰り返しの方法を**前判定**といいます。前判定の繰り返しでは、繰り返し開始→条件の判定→処理→条件の判定→処理→……という形で繰り返しが行われます。

前判定の繰り返しをフローチャートに表すと、以下のようになります。

最初に必ず条件の判定を行うので、前判定の繰り返しでは一度も処理を行わないというケースもある

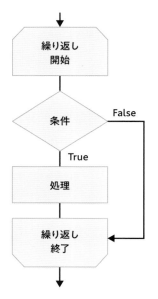

条件で判断してから、繰り返しの処理を行う

これに対し、「繰り返しの処理を行ってから条件を判定する」という繰り返しの方法を、**後判定**といいます。後判定の繰り返しでは、繰り返し開始→処理→条件の判定→処理→条件の判定→……という形で繰り返しが行われるため、**最初から条件が成立していない場合でも、必ず1回は繰り返しの処理が実行されることになります。**

Pythonにおけるwhile文は基本的に前判定の繰り返しを行いますが、**後判定の繰り返しを書きたい場合は、この後に学習するbreak文を使うことで実現できます。**

POINT

Python以外の言語では、前判定の繰り返しと後判定の繰り返しで別の構文を使うものもありますが、Pythonではどちらもwhile文を使います。

5章 ▼ 処理を繰り返す

無限ループを書いてしまった場合

while文は条件式がTrueである限り処理を繰り返しつづけるので、条件式の書き方を誤ると、いつまでも同じ処理を行いつづける**無限ループ**を発生させてしまうことがあります。

以下のプログラムでは、変数tsumamiが空文字でない限りは処理を繰り返しつづけるので、無限ループが発生してしまいます。

> **c5_3_3.py**

```
001    tsumami = 'shiokara'
002    while tsumami != '': …… この条件がFalseになることはない
003        print('sake')
004        print(tsumami)
```

> **実行結果**

```
sake
shiokara
sake
shiokara
sake
shiokara
sake
shiokara
……
…
```

無限ループが発生すると実行ウィンドウが処理を受け付けなくなってしまいますが、**キーボードで Ctrl キーと C を同時に押すと実行を中止できます**。

while文を書く際は条件式の書き方に注意して、無限ループを発生させないよう注意してください。

現実の世界ではsakeかshiokaraのどちらかがいずれなくなってしまうが……

実行を中止するキーを忘れてしまった時は実行ウィンドウをそのまま閉じてしまえばいいよ

どの構文を使うのが最適かを選べ

問題文に書かれたような処理を行いたい場合、どの構文を使うのが最適か選択してください。

5章
▼
処理を繰り返す

処理：所持金が300円以上である限り1,000円の商品を買いつづける

① for文とリストの組み合わせによる繰り返し

② for文とrange関数の組み合わせによる繰り返し

③ while文による繰り返し

1

処理：孔明を3回訪ねる

① for文とリストの組み合わせによる繰り返し

② for文とrange関数の組み合わせによる繰り返し

③ while文による繰り返し

2

処理：孔明が「はい」と言うまで訪ねる

① for文とリストの組み合わせによる繰り返し

② for文とrange関数の組み合わせによる繰り返し

③ while文による繰り返し

3

処理：孔明がいる可能性のある場所を1つずつ順番に訪ねる

① for文とリストの組み合わせによる繰り返し

② for文とrange関数の組み合わせによる繰り返し

③ while文による繰り返し

出力結果を書け⑤

プログラムを見て、表示される出力結果を書き込んでください。

```
in_pocket = 3500

while 300 <= in_pocket:

    print(in_pocket)

    in_pocket -= 1000
```

3500

2500

1500

500

5章 ▼ 処理を繰り返す

1
```
total = 13
while total <= 21:
    print(total)
    total += 3
```

2
```
number = 2
while number <= 50:
    print(number)
    number *= 2
```

繰り返し内での制御

繰り返しを中断するbreak文や次のステップに移るcontinue文を使いこなせば、
繰り返しで実現できることの幅が広がります。

break文とcontinue文

　繰り返し処理の途中で繰り返しから即座に抜け出したい場合、**break文**
を使用します。break文を使うと、繰り返しの条件や繰り返し処理の対象
が残っているかどうかに関わらず、**その時点で繰り返しが終了します。**

　ユーザーが数値を入力するたびに、その数値を二乗した値を表示するプ
ログラムを書いてみましょう。あえて無限ループを作っていますが、**qを
入力することでbreak文が実行され、繰り返しが終了します。**

⬇ 参考URL

break文
https://docs.python.org/
ja/3.9/reference/simple_
stmts.html#the-break-
statement

▶ c5_4_1.py

```
001   while True: …………この条件は常に成り立つ
002       value = input('数値の二乗を表示します(qで終了)')
003       if value == 'q':
004           break ………ここでwhileを抜ける
005       number = int(value) ………breakしたら実行されない
006       print(number ** 2) ………breakしたら実行されない
```

● 実行結果

```
IDLE Shell 3.9.5                                    —   □   ×
File  Edit  Shell  Debug  Options  Window  Help
Python 3.9.5 (tags/v3.9.5:0a7dcbd, May  3 2021, 17:27:52) [MSC v.1928 64 bit (AM
D64)] on win32
Type "help", "copyright", "credits" or "license()" for more information.
>>>
========= RESTART: C:\Users\libroworks\Documents\ninja_python\c5_4_1.py =========
数値の二乗を表示します（qで終了）2
4
数値の二乗を表示します（qで終了）3
9
数値の二乗を表示します（qで終了）q
>>>
```

⬇ 参考URL

continue文
https://docs.python.org/
ja/3.9/reference/simple_
stmts.html#the-continue-
statement

　continue文を使えば、その時点で次の繰り返しを開始させることがで
きます。これは、値がある条件を満たした場合は繰り返しの中の処理を行
いたくない、というような場合に使います。

　先ほどのプログラムのwhile文の中を書き換えて、入力された文字列が
数値でない場合は何もしないようにしましょう。

> c5_4_2.py

```
001    while True:
002        value = input('数値の二乗を表示します(qで終了)')
003        if value == 'q':
004            break
005        elif value.isdigit() == False:       ……… elif文を追加
006            print('数値でないので処理を行わない')
007            continue
008        number = int(value)
009        print(str(number ** 2))
```

> 実行結果

```
========= RESTART: C:\Users\libroworks\Documents\ninja_python\c5_4_2.py ====
数値の二乗を表示します(qで終了)文字列
数値でないので処理を行わない
数値の二乗を表示します(qで終了)4
16
数値の二乗を表示します(qで終了)q
>>> |
```

POINT

isdigitメソッドは、文字列が数値のみである場合はTrueを、それ以外の場合はFalseを返します。

else節でbreakが行われたかチェックする

if文にelse節を作ると、条件に当てはまらなかった場合にelse節の処理が行われますが、**for文・while文にelse節を作ると、繰り返しの中でbreakが行われたかを判定できます**。breakが行われず、繰り返しが中断されずに完了した場合は、else節に書かれた処理が実行されます。

以下のプログラムは少し複雑ですが、数値iが素数であるかどうかを判定しています。

> c5_4_3.py

```
001    for i in range(2, 6):               ……………… iは2から6-1までの数値
002        for j in range(2, i):            ……………… jは2からi-1までの数値
003            if i % j == 0:               ……………… iがjで割り切れる場合
004                break
005        else:    … breakが行われなかった = 割り切れる数がなかった
006            print(i, 'は素数')
```

> 実行結果

```
2 は素数
3 は素数
5 は素数
```

POINT

i=2の時、2行目から4行目のループ内の処理は1度も実行されませんが、breakが行われていないことには変わりないので、else節内の処理が行われています。

注意

5行目のelseは、if文ではなくfor文と同じインデントで書かれていることに注意してください。

⧗ 達成目標 240 秒

出力結果を書け⑥

プログラムを見て、表示される出力結果を書き込んでください。

5章 ▼ 処理を繰り返す

```python
for i in range(2, 6):        # iは2から6-1までの数値
    for j in range(2, i):    # jは2からi-1までの数値
        if i % j == 0:       # iがjで割り切れる場合
            break
    else:    # breakが行われなかった ＝ 割り切れる数がなかった
        print(i, 'は素数')
```

2 は素数

3 は素数

5 は素数

```python
for target in ['マトンカレー', 'マント', 'マトリョーシカ']:
    if 'マト' not in target:
        continue
    print(target + 'に手裏剣を投げた')
```

```python
places = ['カバンの中', 'つくえの中']
for place in places:
    if place == '探しもの':
        break
    print(place)
else:
    print('探したけれど見つからない')
```

```python
word = 'brothers'
for letter in word:
    if letter.upper() == 'T':
        print('T!')
        break
    else:
        print(letter.upper() + '…')
else:
    print('T was not found')
```

About Iterator

for文で反復できるもの

　文字列、リスト、タプルやrange関数の戻り値など、for文で反復処理を行えるものはすべて**イテラブル（iterable）**という性質を持っています。これは「反復可能」という意味で、値を1つずつ取り出してfor文に渡すことができる性質を指します。

　リストなどの**シーケンスはすべてイテラブル**ですが、シーケンス以外でも6章で学習する**辞書や集合という型もイテラブル**なので、その中に含まれているデータに対してfor文で処理を反復できます。

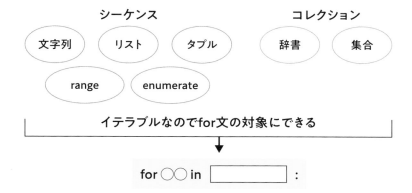

　また、Pythonには**イテレータ**という言葉も存在します。これは値を1つずつ取り出すことができる型のことで、イテラブルなデータはすべてこのイテレータに変換されてからfor文で処理されます。

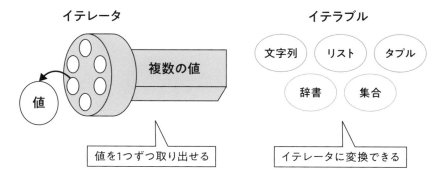

5章
▼
処理を繰り返す

6章

6章

少し高度な
データ

「少し高度」といっても難解ではないので、身構える必
要はありません。ここで登場するデータ形式を使いこな
して、さらに便利なプログラムを書きましょう。

さまざまな文字列

これまでも文字列を使用してきましたが、Pythonにはいくつかの種類の文字列があります。ここでは応用的な文字列の操作について解説します。

f-stringで文字列に変数の値を差し込む

　これまで、print関数で複数の値を出力する時、値を1つずつカンマで区切って出力したり、文字列を演算子+で連結したりして出力していました。しかし、print関数に複数の引数を渡す方法では値の間に半角スペースが入り込んでしまい、演算子+で連結する方法では文字列以外の値をstr関数で変換しておく必要があります。

> c6_1_1.py

```
001  animal = '鶴'
002  longevity = 1000
003  print(animal, 'は', longevity, '年')
004  print(animal + 'は' + str(longevity) + '年')
```

実行結果

```
鶴 は 1000 年
鶴は1000年
```

　変数の値を差し込んだ文字列を作る時は、**f-string**（フォーマット済み文字列リテラル）が便利です。f-stringは、**引用符の前にアルファベットfを付けて、値を差し込みたい部分を{}（波カッコ）で囲んで書きます**。
　先ほどのプログラムを、f-stringを使うように書き換えましょう。

> c6_1_2.py

```
001  animal = '鶴'
002  longevity = 1000
003  print(f'{animal}は{longevity}年') ……f-stringに修正
```

print関数のキーワード引数sepに空文字を指定すれば半角スペースを挟まないようにもできるが、少し手間だ

参考URL

フォーマット済み文字列リテラル
https://docs.python.org/ja/3.9/reference/lexical_analysis.html#formatted-string-literals

波カッコの中には変数だけでなく式や関数を書くこともできる

鶴は1000年

なお、このプログラムで数値型の変数longevityの値が使われているように、文字列型でない値もf-stringの中で使うことができます。

\によるエスケープシーケンス

特定の文字の前に \ （バックスラッシュ）を付けて書くことで、特殊な文字を入力することができます。これを**エスケープシーケンス**といい、主なエスケープシーケンスの一覧は次の通りです。

● 主なエスケープシーケンス一覧

エスケープシーケンス	説明
\n	改行文字（LF）
\'	シングルクォート（一重引用符）
\"	ダブルクォート（二重引用符）
\t	水平タブ文字
\\	バックスラッシュ（\）

最も使う機会が多いのは、改行文字として使われる「**\n**」です。文字列の中にこの文字が含まれていると、改行として扱われます。改行が含まれる文字列を出力するプログラムを書いて実行してみましょう。

> c6_1_3.py

```
001    atsumori = '下天の内を比ぶれば\nゆめ幻のごとくなり'
002    print(atsumori)
```

● 実行結果

下天の内を比ぶれば
ゆめ幻のごとくなり

テキストの位置を揃えるために使われるタブ文字は、「**\t**」と書くことで表現できます。

注意

Windows版のIDLEでは、バックスラッシュが￥（円マーク）で表示されます。

● 参考URL

文字列およびバイト列リテラル
https://docs.python.org/ja/3.9/reference/lexical_analysis.html#string-and-bytes-literals

6章 ▼ 少し高度なデータ

バックスラッシュ（\）とスラッシュ（/）は間違えやすいので気を付けよう

> c6_1_4.py

001	print('\tabc')
002	print('a\tbc')
003	print('ab\tc')

実行結果

```
    abc
a   bc
ab  c
```

また、文字列の中に書かれていると**特別な意味を持つ'（シングルクォート）や"（ダブルクォート）のような文字を通常の文字として扱いたい場合も、バックスラッシュを頭に付けます。**

> c6_1_5.py

001	print('You say \'goodbye\'')
002	print("and I say \"hello\"")

実行結果

```
You say 'goodbye'
and I say "hello"
```

POINT

シングルクォートで囲んだ文字列の中では、ダブルクォートはバックスラッシュを付けなくても通常の文字列として扱われます。ダブルクォートで囲んだ文字列の中のシングルクォートも同様です。

raw文字列記法で\を通常の文字列として扱う

ファイルのパスや正規表現の文字列など、バックスラッシュを多用する文字列を入力する際に、すべてのバックスラッシュを「\\」と書くのは手間です。このようにバックスラッシュをエスケープシーケンスとして認識させたくない時には、**raw文字列**という記法を使うと便利です。raw文字列は、**引用符の前にアルファベットrを付けます。**

raw文字列を出力するプログラムを書いて実行してみましょう。

> c6_1_6.py

001	print(r'\Users\libroworks\Documents\note.txt')

実行結果

```
\Users\libroworks\Documents\note.txt
```

raw文字列の中に「\n」という文字が含まれていますが、改行として扱われずに「\n」というそのままの文字列として出力されています。このように、raw文字列の中ではバックスラッシュを通常の文字列として扱うことができます。

rawとは「未加工の」「そのままの」という意味だ

POINT

raw文字列の末尾に奇数個のバックスラッシュがあると、エラーが発生します。エラーを回避するには、末尾のみ「+'\\'」として連結します。

三連引用符で複数行の文字列を入力する

メールのテキストなど、改行が多く含まれる長い文字列を作る場合、改行のたびに「\n」を入力して表現することもできますが、プログラム上の文字列の見た目が実際に出力される時と大きく異なってしまいます。

そのような場合は、**三連引用符**を使用します。次のプログラムのように、3つ連続した引用符の中に入力した改行やタブ文字はそのまま残されます。

POINT

なお、三連引用符で囲んだ文字列の中でも改行文字「\n」を入力すると改行が挿入されます。タブ文字「\t」についても、通常の文字列と同じようにタブ文字が挿入されます。

▶ c6_1_7.py

```python
001   mail_text = '''お館様
002
003   お世話になっております。
004   服部です。
005
006   今週のシフトをお送りします。
007   月曜    服部
008   火曜    川村'''
009   print(mail_text)
```

◉ 実行結果

```
お館様

お世話になっております。
服部です。

今週のシフトをお送りします。
月曜    服部
火曜    川村
```

忍者もメールで連絡する時代だ

出力結果を書け⑦

プログラムを見て、最後に表示される出力結果を書き込んでください。

```python
animal = '亀'
longevity = 10000
print(f'{animal}は{longevity}年')
```

亀は10000年

1
```python
point_list = [92, 88, 84]
print(f'{point_list[0]}点です')
```

2
```python
point_list = [92, 88, 84]
for point in point_list:
    print(f'{point}点です')
```

3
```python
animal = 'a turtle'
longevity = 10000
print(f'{animal.upper()} lives {longevity} years.')
```

6章 ▼ 少し高度なデータ

```
4   words = ['Man', 'Soul', 'Quiz']
    ultra_words = [f'Ultra{word}' for word in words]
    print(ultra_words)
```

```
5   print("You say 'stop',\nand I say 'go, go, go'")
```

```
6   folder_path = r'\Users\ninja\Documents'
    file_name = 'memo.text'
    print(f'{folder_path}\\{file_name}')
```

```
7   to_name = 'お師匠様'
    text = '''お世話になっております。
    忍者です。'''
    print(f'{to_name}\n{text}')
```

SECTION 02 辞書にデータをまとめる

Pythonには、任意のキーに紐付けて複数の値を管理できる、辞書というデータ型が用意されています。

辞書の作り方

辞書とは、複数の**キー**と**値**の組み合わせをまとめて管理するデータ型です。複数の値をまとめるという点ではリストに似ていますが、リストが要素をインデックスで管理しているのに対し、**辞書は個々の値に重複しないキーを与えることで管理します**。

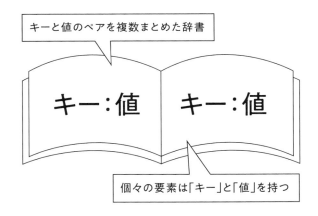

キーと値のペアを複数まとめた辞書

キー：値　キー：値

個々の要素は「キー」と「値」を持つ

辞書は、「**キー：値**」という形でコロンを挟んだペアを、カンマで区切って並べて、全体を{}（波カッコ）で囲んで作成します。

キー：値のペアを3つ持つ辞書を作成して表示するプログラムを書いて実行してみましょう。

> **c6_2_1.py**

```
001  japanese = {
002      'Ninja': '古い時代のスパイ',
003      'Samurai': '古い時代の戦士',
004      'Fujiyama': '日本で一番高い山',
005  }
006  print(japanese)
```

国語辞典にたとえるなら、「キー」は見出し語、「値」はその意味だ

📥 **参考URL**

マッピング型
https://docs.python.org/ja/3.9/library/stdtypes.html#mapping-types-dict

POINT

辞書japaneseの最後の要素の後ろにもカンマを書いていますが、プログラムが動作する上で特に影響はありません。このように書いておくと、プログラムを書き換えて要素の順番を入れ替える時などに行をそのままコピー＆ペーストできます。

⚫ **実行結果**

```
{'Ninja': '古い時代のスパイ', 'Samurai': '古い時代の戦士',
'Fujiyama': '日本で一番高い山'}
```

辞書のキーには通常は文字列が使われますが、他にも数値、真偽値、タプルなどもキーとして使用できます。

リストの要素を参照するにはインデックスを指定しましたが、**辞書の要素を参照する時にはキーを指定します**。先ほどのプログラムに、辞書 japanese からキー'Samurai'の値を参照する行を書き足して実行してみましょう。

```
007    print(japanese['Samurai'])
```

⚫ **実行結果**

```
……前略……
古い時代の戦士
```

注　意

存在しないキーを指定して値を参照しようとするとエラーが発生するので注意が必要です。

辞書の要素の追加、変更

リストと同じく、辞書も作成した後に値を書き換えることができます。まだ**辞書に存在しないキーを指定して値を代入**すると、キーと値のペアが新たに辞書に追加されます。すでに辞書にあるキーを指定した場合は、既存の値が置き換えられます。

辞書 japanese に要素の変更・追加を行った後に辞書全体を表示する行を書き足して実行してみましょう。

```
008    japanese['Ninja'] = 'カワサキのバイク'   ………… 要素を変更
009    japanese['Kappa'] = '河にいる妖怪'   ……………… 要素を追加
010    print(japanese)
```

⚫ **実行結果**

```
……前略……
{'Ninja': 'カワサキのバイク', 'Samurai': '古い時代の戦士',
'Fujiyama': '日本で一番高い山', 'Kappa': '河にいる妖怪'}
```

update メソッドを使って、2つの辞書を統合することもできます。新しく辞書 sushi を作成し、update メソッドで辞書 japanese に統合する行を書き足します。

Ninja は かっこいいバイクだぞ

```
011   sushi = {
012       'Tekka': 'まぐろの細巻き',
013       'Kappa': 'キュウリの細巻き',
014   }
015   japanese.update(sushi)
016   print(japanese)
```

▶ 実行結果

……前略……
{'Ninja': 'カワサキのバイク', 'Samurai': '古い時代の戦士',
'Fujiyama': '日本で一番高い山', 'Kappa': 'キュウリの細巻き',
'Tekka': 'まぐろの細巻き'}

キー'Kappa'のようにどちらの辞書にも存在するキーがあった場合は、**updateメソッドの引数に指定した辞書の値だけが残ります。**
辞書から特定のキー：値のペアを削除したい場合は、**del文**で辞書の変数名と削除するキーを指定します。

```
017   del japanese['Samurai']
018   print(japanese)
```

▶ 実行結果

……前略……
{'Ninja': 'カワサキのバイク', 'Fujiyama': '日本で一番高い山
', 'Kappa': 'キュウリの細巻', 'Tekka': 'まぐろの細巻'}

辞書の中に、あるキーが存在するかどうかを知りたい場合は、**演算子in**を使います。辞書japaneseにキー'Fujiyama'が含まれているかを調べる行を書き足して実行します。

```
017   print('Fujiyama' in japanese)
```

▶ 実行結果

……前略……
True

> 演算子inは文字列、リストに対しても使えたね

辞書のキー、値を繰り返し処理の対象にする

文字列、リストなどと同じく、辞書もイテラブル（P.122参照）であるため、for文の繰り返し処理の対象にすることができます。キーワードinの後に辞書を書くと、**すべてのキーを対象に**繰り返し処理を行います。

新しい辞書を作成して、for文ですべてのキーを表示するプログラムを書いて実行してみましょう。

> **c6_2_2.py**

```
001  hands = {
002      'Rock': 'beats Scissors',
003      'Paper': 'beats Rock',
004      'Scissors': 'beats Paper',
005  }
006  for hand in hands:
007      print(hand)
```

● **実行結果**

```
Rock
Paper
Scissors
```

 参考URL

辞書ビューオブジェクト
https://docs.python.org/
ja/3.9/library/stdtypes.
html#dictionary-view-
objects

6章 ▼ 少し高度なデータ

　辞書に含まれるすべての値のみを取り出すには**values**メソッドを使います。

```
008  for description in hands.values():
009      print(description)
```

● **実行結果**

```
……前略……
beats Scissors
beats Rock
beats Paper
```

　辞書からすべてのキー：値のペアを取り出したい場合は、**items**メソッドを使います。先ほどのプログラムに、for文でキー：値のペアを1つずつ表示する行を書き足します。

```
010  for hand, description in hands.items():
011      print(f'{hand} {description}.')
```

● **実行結果**

```
……前略……
Rock beats Scissors.
Paper beats Rock.
Scissors beats Paper.
```

POINT

変数handがキーを、変数descriptionが値を、それぞれitemsメソッドから受け取っています。

達成目標 250 秒

出力結果を書け⑧

プログラムを見て、最後に表示される出力結果を書き込んでください。

6章
▼
少し高度なデータ

```python
hands = {'Rock' : 'beats Scissors',
        'Paper' : 'beats Rock',
        'Scissors' : 'beats Paper',
        }
for hand in hands:
    print(hand)
```

Rock

Paper

Scissors

```python
reviews = {
    2009: '50年に一度の出来',
    2010: '新酒らしいフレッシュな味',
    2011: '21世紀最高の出来',
}
print(reviews[2009])
```

1

```
band = {
    'John': 'the guitar', 'Paul' : 'the bass',
    'George': 'the guitar', 'Ringo' : 'the drums',
}
comedian = {'Momoko': 'ボケ','Ringo': 'ツッコミ'}
band.update(comedian)
print(band['Ringo'])
```

2

```
pilots = {
    'Red': 'Shooting star',
    'Blue': 'Giant star',
    'Black': 'Three stars',
}
for color in pilots:
    print(color)
```

3

```
foods = {
    'avocado': 'butter of the forrests',
    'oyster': 'milk of the sea',
    'soy': 'meat of the fields',
}
for food, description in foods.items():
    print(f'{food} is {description}.')
```

4

SECTION 03 集合にデータをまとめる

複数のデータを集合にまとめておけば、集合演算という操作を行って複数の集合の間でデータの組み合わせを調べられます。

集合の作り方

集合（set型）は、リストや辞書と同じく複数のデータをまとめる型で、高校数学などで習う「集合論」を扱うことができます。その特徴は、**集合演算**という操作を行えること、**要素はすべて違う値でないといけない（重複を許さない）**ことです。

集合論とは、複数のグループの関係性を数式や図で表すものです。以下のベン図は、近畿地方の府県の集合kinkiと東海地方の県の集合toukaiの関係を図に表したものです。両方のグループに含まれるものと、どちらかのグループにしか含まれないものがありますね。

参考URL

set（集合）型
https://docs.python.org/ja/3.9/library/stdtypes.html#set-types-set-frozenset

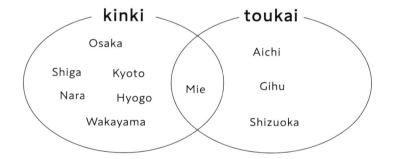

集合を作る時は、**1つ以上の要素を {}（波カッコ）で囲みます。**

先ほどの図の集合kinkiと集合toukaiを作って表示するプログラムを書いて実行してみましょう。ここで、集合kinkiと集合toukaiは、どちらも同じ要素'Mie'を持っています。

ベン図はイギリスのベンさんが考案した図だ

> c6_3_1.py

```
001  kinki = {'Osaka', 'Kyoto', 'Hyogo',
002          'Nara', 'Shiga', 'Wakayama', 'Mie'}
003  toukai = {'Aichi', 'Gifu', 'Shizuoka', 'Mie'}
004  print(kinki)
005  print(toukai)
```

POINT

集合はインデックスで順番を管理していないので、スライスで一部を取り出すことはできません。

6章 ▼ 少し高度なデータ

```
{'Wakayama', 'Shiga', 'Nara', 'Osaka', 'Kyoto', 'Hyogo',
'Mie'}
{'Mie', 'Gifu', 'Aichi', 'Shizuoka'}
```

三重はどちらに入るかがよく議論されるが、どちらにも入るのが正しい

集合は要素に順番を付けて管理していないため、要素を表示する順番は作成した時に書いた順番と一致するとは限りません。

集合演算

集合には、集合演算という操作を行って複数の集合に含まれているデータの組み合わせを調べられるという特徴があります。

まずは、少なくとも1つの集合に含まれている要素をすべて取り出す**和集合**の例を見てみましょう。

先ほどの集合kinkiと集合toukaiの図では、色が塗られている部分が和集合です。

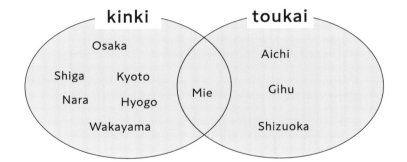

和集合

POINT

和集合は、集合のunionメソッドを使うことでも得られます。この場合、kinki.union(toukai)のように書きます。

和集合を求めるには、**演算子|**（ Shift +¥ で入力できます）を使います。先ほどのプログラムに、集合kinkiと集合toukaiの和集合を表示する行を書き足します。

```
006   print(kinki | toukai)
```

▶ 実行結果

```
……前略……
{'Hyogo', 'Nara', 'Kyoto', 'Wakayama', 'Shizuoka',
'Osaka', 'Shiga', 'Aichi', 'Mie', 'Gifu'}
```

次に、複数の集合に共通する要素を取り出す**積集合**を見てみましょう。集合kinkiと集合toukaiの図では、色が塗られている部分が積集合です。

忍者はMieの伊賀市出身だ。

積集合

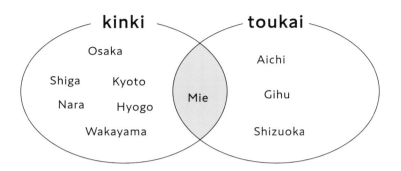

積集合を求めるために使うのは**演算子&**です。集合kinkiと集合toukaiの積集合を表示する行を書き足します。

```
007    print(kinki & toukai)
```

▶ 実行結果

```
……前略……
{'Mie'}
```

差集合は、ある集合から別の集合と共通する値を除いたものを取り出す操作です。次の図で色が塗られている部分が、集合kinkiから集合toukaiと共通する要素を除いた差集合です。

差集合

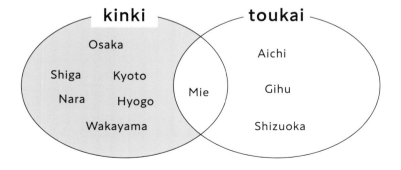

POINT

積集合は、&の他に集合のintersectionメソッドを使うことでも得られます。kinki.intersection(toukai)のように書きます。

差集合は**演算子 -** を使って求めます。左辺集合 kinki から集合 toukai を引いた差集合を表示する行を書き足します。

```
008    print(kinki - toukai)
```

POINT

差集合は、- の他に集合のdifferenceメソッドを使うことでも得られます。kinki.difference(toukai)のように書くと、集合kinkiから集合toukaiと共通する要素を除いた集合が得られます。

⟩ 実行結果

```
……前略……
{'Kyoto', 'Hyogo', 'Nara', 'Shiga', 'Osaka', 'Wakayama'}
```

ある値が集合に含まれるかを調べる

文字列、リストや辞書と同じように、**演算子 in** を使うと、ある値が集合に含まれているかを調べられます。

新しい集合 touhoku を作って、その中に値 'Hokkaido' があるかを調べるプログラムを書いて実行してみましょう。

> **c6_3_2.py**

```
001    touhoku = {'Aomori', 'Iwate', 'Miyagi',
002                'Akita', 'Yamagata', 'Fukushima'}
003    print('Hokkaido' in touhoku)
```

⟩ 実行結果

```
False
```

集合の一番多い使われ方は、ある値が集合に含まれるかを調べることだ

空集合と要素の追加／削除

要素を1つも持たない空リストや空タプルを作成できるように、集合にも要素を持たない**空集合**（からしゅうごう）が存在します。

空集合を作るには **set()** と書きます。最初に空集合 onitaiji を作成して、集合の **add メソッド** によって要素を追加するプログラムを書いて実行してみましょう。

> **c6_3_3.py**

```
001    onitaiji = set()
002    onitaiji.add('桃太郎')
003    onitaiji.add('犬')
004    print(onitaiji)
```

{}と書くと、要素を持たない辞書、空辞書が作成されるよ

Falseとみなされる値については、P.77を参照しよう

● 実行結果

```
{'桃太郎', '犬'}
```

clearメソッドを実行すると、すべての要素を削除します。

```
005    onitaiji.clear()
006    print(onitaiji)
```

● 実行結果

```
……前略……
set()
```

また、**空集合や空辞書、空文字列は、if文の条件式として使うとFalse
とみなされます。**このことを利用して、集合演算の結果が空集合である場
合に行いたい処理をif文で書くこともできます。

```
007    if onitaiji:
008        print(f'{onitaiji}は鬼退治に行った')
009    else:
010        print('誰も鬼退治には行かなかった')
```

● 実行結果

```
……前略……
誰も鬼退治には行かなかった
```

POINT

7行目から10行目のif文
は、集合onitaijiに要素が
存在すればif節の処理を、
空集合であればelse節の
処理を実行します。

出力結果を書け⑨

プログラムを見て、最後に表示される出力結果を書き込んでください。

```python
kinki = {'Osaka', 'Kyoto', 'Hyogo',
         'Nara', 'Shiga', 'Wakayama', 'Mie'}
toukai = {'Aichi', 'Gifu', 'Shizuoka', 'Mie'}
print(kinki - toukai)
```

{'Osaka', 'Kyoto', 'Hyogo','Nara', 'Shiga', 'Wakayama'}

（集合の要素の出力順は問いません）

6章 ▼ 少し高度なデータ

1
```python
wham = {'George', 'Andrew'}
george_michael = {'George'}
print(wham | george_michael)
```

2
```python
jackson5 = {'Jackie', 'Tito', 'Jermaine',
            'Marlon', 'Michael'}
jacksons = {'Jackie', 'Tito', 'Marlon',
            'Michael', 'Randy'}
print(jackson5 & jacksons)
```

```
koushinetsu = {'Yamanashi', 'Nagano', 'Niigata'}
koushin = {'Yamanashi', 'Nagano'}
print(koushin - koushinetsu)
```

```
wagashi = {
    'Monaka': {'Anko', 'Flour'},
    'Sakuramochi': {'Anko', 'Rice', 'Leaf'},
    'Castella': {'Sugar', 'Egg'},
}
for name, ingredients in wagashi.items():
    if 'Anko' in ingredients:
        print(f'I like {name}.')
```

```
wagashi = {
    'Monaka': {'Anko', 'Flour'},
    'Sakuramochi': {'Anko', 'Rice', 'Leaf'},
    'Castella': {'Sugar', 'Egg'},
}
for name, ingredients in wagashi.items():
    if ingredients & {'Flour', 'Egg'}:
        print(f'He cannot eat {name}.')
    else:
        print(f'He can eat {name}.')
```

7章

関数を作る

関数を自分で定義すると、複雑な一連の処理を簡単に呼び出せるようになります。シンプルで重複の少ないプログラムを書くためには必須の知識です。

関数の定義

関数は自分で作ることもできます。一連のまとまった処理を関数として定義しておくことで、一度書いた処理を再利用することができます。

関数を定義する

これまでprint関数やint関数など、Pythonに初めから定義されている**組み込み関数**をプログラムの中で呼び出してきましたが、関数は自分で定義することもできます。

関数を定義するには、行の初めにキーワードdefを入力し、半角スペースの後に関数名、カッコ内に引数を書いた後、行の終わりにコロンを書きます。そして、以降の行に関数の中で実行したい処理をインデントして記述します。

```
def do_something(引数):
    実行する処理
```
キーワードdef　関数名　コロン

関数を定義することのメリットは、**一度書いた処理を再利用できること**です。一度書いた処理を再利用したい場面として、ここでは**製造業者に発注の内容を送るプログラム**を考えてみます。

まずは関数を定義して、それを呼び出すプログラムを書いてみましょう。関数内の処理をまだ書いていないので、このプログラムを実行しても何も起こりません。

> c7_1_1.py

```
001    def manuf_order():
002        pass
003
004
005    manuf_order()          manuf_order関数を呼び出す
```

注意

関数の名前については、変数名と同じ命名規則を守らなければいけません。

参考URL

関数を定義する
https://docs.python.org/ja/3.9/tutorial/controlflow.html#defining-functions

常に似たような処理をする場面こそ、プログラムで自動化するのに向いているよ

7章　▼　関数を作る

1、2行目でmanuf_order関数を定義しています。defブロックはインデントされているところまでを関数の中の処理として定義します。

manuf_order関数に書かれている**pass文**は、何もしません。関数のブロックに何も処理を書いていないとエラーが発生しますが、関数の定義だけを先に書いて実際の処理は後で書き足したいこともよくあります。その場合は、何もしないpass文だけを書いておくことで、エラーを発生させずに関数の定義だけを行うことができます。

インデントされていない5行目のmanuf_order()は、定義したmanuf_order関数を呼び出しています。

何もしないことも時には大事だ

次に、定義したmanuf_order関数に、実際の処理を書き足してみましょう。

> **c7_1_2.py**

```
001    def manuf_order():………… 関数内の処理を書き足す
002        print('''忍者です。
003    本日、手裏剣3個の製造をお願いします。''')
004
005
006    manuf_order()
```

● 実行結果

```
忍者です。
本日、手裏剣3個の製造をお願いします。
```

POINT

関数は定義しただけでは何も起こりません。呼び出されてはじめて中に書かれた処理を実行します。

1～3行目で定義したmanuf_order関数を6行目で呼び出し、画面に文字列が表示されました。

引数を受け取る

先ほどのプログラムのように決まった文字列を出力するだけの処理であれば、関数を定義する意味があまり感じられないかもしれません。次は、関数に渡す引数を変えると処理の結果が異なるようにプログラムを書き換えてみましょう。

関数名の後のカッコの中に引数を書くと、呼び出し元から引数を受け取ります。名前の文字列を引数として受け取って、文面の中で受け取った文字列を表示するようプログラムを書き換えましょう。

関数を実行することを「呼び出す」といったね

> c7_1_3.py

```
001    def manuf_order(name):      ……… 引数nameを追加
002        print(f'''{name}様
003    忍者です。
004    本日、手裏剣3個の製造をお願いします。''')
005
006
007    manuf_order('服部')      ……………… 引数'服部'を渡して関数を呼び出す
008    manuf_order('河村')      ……………… 引数'河村'を渡して関数を呼び出す
```

POINT

f-stringと、三連引用符については P.124 と P.127 を参照してください。

> **実行結果**

```
服部様
忍者です。
本日、手裏剣3個の製造をお願いします。
河村様
忍者です。
本日、手裏剣3個の製造をお願いします。
```

　名前の部分だけが変わった文字列が、関数を呼び出した回数だけ表示されました。

7章 ▼ 関数を作る

仮引数と実引数

　関数を定義する時に関数名の後ろにカッコで囲んで書かれる引数を仮引数、関数を呼び出す時に実際に渡される値を実引数と呼んで区別することがあります。先ほどのプログラムの7行目でmanuf_order関数を呼び出す際の処理の流れを細かく見ると、以下のようになります。

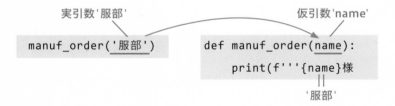

この本では、仮引数と実引数の違いに特に注目する必要がない場合は、どちらも単に「引数」と記載します。

引数を2つ以上受け取ることもできます。manuf_order関数に、2つ目の引数として発注内容の文字列を渡すように書き換えましょう。

引数の数はいくらでも増やしていくことができる

> ## c7_1_4.py

```
001    def manuf_order(name, order):       ……… 引数orderを追加
002        print(f'''{name}様
003    忍者です。
004    本日、{order}の製造をお願いします。''')
005
006
007    manuf_order('服部', '手裏剣3個')       ……… 引数を追加
008    manuf_order('河村', 'まきびし4個')       ……… 引数を追加
```

● 実行結果

```
服部様
忍者です。
本日、手裏剣3個の製造をお願いします。
河村様
忍者です。
本日、まきびし4個の製造をお願いします。
```

戻り値を返す

自分で定義する関数でも、呼び出し元に戻り値を返すことができます。戻り値を返すには関数の中で**return文**を書き、戻り値として返したい値や式を書きます。

先ほどのプログラムの上部に、引数として受け取った数値を使って発注内容の文字列を返す関数を書き足します。

> ## c7_1_5.py

```
001    def get_order(shuriken_num, makibishi_num):
002        order_text = ''
003        if shuriken_num > 0:
004            order_text += f'手裏剣{shuriken_num}個'
005        if makibishi_num > 0:
006            order_text += f'まきびし{makibishi_num}個'
007        return order_text
       ……後略……
```

POINT

ここで追加したget_order関数は、はじめに変数order_textに空文字列を代入し、仮引数shuriken_numとmakibishi_numが0より大きい時にorder_textに文字列を書き足しています。

return文が実行されると、returnの直後に書かれた値や式を戻り値として、呼び出された関数から抜け出します。

　関数から戻り値を返すようにしておくと、複数の関数を組み合わせて使う時に便利です。manuf_order関数とget_order関数を組み合わせて使うよう、manuf_order関数の呼び出し部分を書き換えてみましょう。

> **c7_1_5.py**

001	`def get_order(shuriken_num, makibishi_num):`
002	`    order_text = ''`
003	`    if shuriken_num > 0:`
004	`        order_text += f'手裏剣{shuriken_num}個'`
005	`    if makibishi_num > 0:`
006	`        order_text += f'まきびし{makibishi_num}個'`
007	`    return order_text`
008	
009	
010	`def manuf_order(name, order):`
011	`    print(f'''{name}様`
012	`忍者です。`
013	`本日、{order}の製造をお願いします。''')`
014	
015	
016	`manuf_order('服部', get_order(3, 0))` ……… 引数を変更
017	`manuf_order('河村', get_order(1, 4))` ……… 引数を変更

プログラムの中で、似たような処理を行っている部分は関数化できないか考える習慣を付けよう

🔵 **実行結果**

服部様
忍者です。
本日、手裏剣3個の製造をお願いします。
河村様
忍者です。
本日、手裏剣1個まきびし4個の製造をお願いします。

　このプログラムで出力したものくらいの長さの文字列なら関数化しなくても簡単に書けるかもしれませんが、割り当てるべき仕事が何十通りもあって、指示を受ける人が何十人もいれば、関数化しておいたほうがずっと効率的です。

docstring で関数の説明を書く

　関数を定義する時、関数の処理を記述する部分の最初の行を文字列リテラルにすると、入力された文字列はその関数の説明として扱われ、プログラムの動き自体には何の影響も与えません。これを、**docstring** といいます。docstring は、3つ連続したダブルクォートで囲むのが慣例です。

　先ほどのプログラムで定義した get_order 関数と、manuf_order 関数に docstring を付け加えてみましょう。

```
def get_order(key):
    """引数として受け取った数値を使って発注内容の文字列を返す"""
    ……中略……


def manuf_order(name, job):
    """1つ目の引数の名前に対して、2つ目の引数の発注内容を指示する"""
    ……中略……
```

　help 関数に自分で定義した関数の名前を渡すと、関数名、引数とともに docstring に書いた内容が表示されます。

```
help(get_order)
```

▶ 実行結果

```
Help on function get_order in module __main__:

get_order(shuriken_num, makibishi_num)
    引数として受け取った数値を使って発注内容の文字列を返す
```

　引数の数が増えたり、この後に学習するキーワード引数などの特殊な引数を使用する関数の場合は、呼び出す際の注意事項などについて docstring にまとめておくとよいでしょう。

達成目標 150 秒

行の処理順を書け①

プログラムを見て、行が処理される順番を書き込んでください（厳密にはdef文による関数名の登録が先に行われますが、この問題では①のところから開始とみなしてください）。

⑤ ②
```python
def shift_order(name):
    print(f'{name}様')
```

⑥ ③

①
```python
shift_order('服部')
```

④
```python
shift_order('河村')
```

7章 ▼ 関数を作る

1
```python
def reverse_spelling(word):
    print(word[::-1])
```

①
```python
reverse_spelling('GOD')
```

2
```python
def add_tax(amount, tax_rate):
    return amount * (1.0 + (tax_rate / 100))
```

①
```python
price = 1100
print(f'税込価格{add_tax(price, 10)}円')
```

```python
def course_menu(appetizer, entree, dessert):
    print(f'前菜:{appetizer} 主菜:{entree} 甘味:{dessert}')
```

3

```python
①course_menu('サラダ', 'ムニエル', 'プリン')
course_menu('スープ', '蒸し鶏', 'ごま団子')
```

```python
def create_bill(name, amount):
    return f'{name}様　請求額:{amount}円'
```

4

```python
①customer_dict = {'磯野': 2000, '波野': 1500}
for customer, bill in customer_dict.items():
    print(create_bill(customer, bill))
```

```python
def calculate_triangle(base, height):
    return base * height /2

def output_triangle(base, height):
    area = calculate_triangle(base, height)
    print(f'底辺{base}cm、高さ{height}cmの三角形は{area}cm²')
```

5

```python
①output_triangle(5, 10)
```

さまざまな引数

Pythonには、関数に引数を渡す時、関数が引数を受け取る時に、柔軟に引数を扱うためのさまざまな方法が用意されています。

位置引数

　引数を渡して関数を呼び出す場合、通常は先頭から順番に対応する位置の仮引数に値が渡される**位置引数**という方法が使われます。

　位置引数を利用して4つの引数をwokashi関数に渡すプログラムを書いて実行してみましょう。

> c7_2_1.py

```
001    def wokashi(spring, summer, fall, winter):
002        print(f'春は{spring} 夏は{summer}',
003            f'秋は{fall} 冬は{winter}')
004
005
006    wokashi('あけぼの', '夜', '夕暮れ', 'つとめて')
```

🔵 実行結果

春はあけぼの　夏は夜　秋は夕暮れ　冬はつとめて

　位置引数は、**個々の引数の順番を意識しないといけません**。先ほどのプログラムの6行目で、引数を渡す順番を変えると出力結果も変わります。

```
006    wokashi('夜', '夕暮れ', 'つとめて', 'あけぼの')
```

🔵 実行結果

春は夜　夏は夕暮れ　秋はつとめて　冬はあけぼの

これまでに作ってきたプログラムでも、位置引数の仕組みを利用して複数の引数を渡してきた

📥 参考URL

関数定義についてもう少し
https://docs.python.org/
ja/3.9/tutorial/controlflow.
html#more-on-defining-
functions

冬のあけぼのは寒すぎる

仮引数のデフォルト値とキーワード引数

　仮引数にデフォルト値を設定すると、実引数が指定されなかった場合に
その値が使われます。デフォルト値を設定するには、仮引数の直後に代入
文のような形で演算子＝と設定する値を書きます。**この時、仮引数と演算
子＝、設定する値の間には半角スペースを入れないのが慣例です。**

　3つの仮引数のうち1つにデフォルト値を設定するliterature関数を定
義して、2通りの実引数を渡すプログラムを書いてみましょう。

POINT

関数の呼び出し時に指定し
ても指定しなくてもよいオ
プションのような役割を持
つ引数や、特別な場合以外
は指定する値が変わらない
引数に対してデフォルト値
を設定します。

> **c7_2_2.py**

```
001    def literature(title, age, author='作者不詳'):
002        print(f'『{title}』は{age}の{author}の作品')
003
004
005    literature('竹取物語', '900年頃')
006    literature('枕草子', '1000年頃', author='清少納言')
```

> **実行結果**

```
『竹取物語』は900年頃の作者不詳の作品
『枕草子』は1000年頃の清少納言の作品
```

　5行目のliterature関数の呼び出し部分では、3つ目の引数に値を指定
していません。関数内では、3つ目の仮引数であるauthorにはデフォル
ト値の'作者不詳'が入っています。

　6行目の呼び出し部分では、代入文のような形で仮引数authorを指定
して、値'清少納言'を渡しています。このように、どの仮引数に値を渡す
かを指定することを**キーワード引数**といいます。仮引数のデフォルト値を
設定した時と同じく、慣例として演算子＝の左右には半角スペースを入れ
ません。

　関数を呼び出す際にキーワード引数を使うと、実引数を書いた順番に関
わらず指定した仮引数に値を渡すことができるので、**順番を意識せずに
引数を指定すること**ができます。また、デフォルト値を持たない仮引数
（literature関数ではtitleとage）に対してもキーワード引数として値を渡
すこともできます。

注意

位置引数とキーワード引数の両
方を使って関数を呼び出すこと
もできますが、その場合は必ず
先に位置引数を指定しなければ
いけません。

可変長引数

可変長引数を使えば、引数の数を自由に変えることができます。すべてを覚える必要はありませんが、知っておくとより柔軟に関数を呼び出せます。

タプルとして渡す可変長位置引数

　print関数は、引数の数を自由に変えることができますが、このような引数を**可変長引数**といいます。今回はそれを自作の関数で使ってみましょう。

　関数を定義する時、仮引数の一部に*（**アスタリスク**）を付けると、0個以上の位置引数がタプルにまとめられてその仮引数に渡されます。これを**可変長位置引数**といいます。

　以下のプログラムでintroduce_friends関数を呼び出す際に、**引数として書いたすべての値がタプルにまとめられ**、仮引数argsに渡されます。

> c7_3_1.py

```
001  def introduce_friends(*args):
002      for arg in args:
003          print(f'{arg}は桃太郎の友達。')
004
005
006  introduce_friends()
007  introduce_friends('犬')
008  introduce_friends('犬', '猿', 'キジ')
```

> 実行結果

```
犬は桃太郎の友達。
犬は桃太郎の友達。
猿は桃太郎の友達。
キジは桃太郎の友達。
```

　1回目の呼び出しではargsには0個、2回目は1つ、3回目は3つの値が設定されていますが、いずれの場合も値がタプルにまとめられ、渡された引数の数だけfor文内の処理が実行されています。

　タプルの可変長位置引数には好きな名前を付けることができますが、「***args**」と命名するのが慣例になっています。

呼び出し側で実引数の数が変わるかもしれない場合は、可変長引数を定義しておくと安心だ

参考URL

任意引数リスト
https://docs.python.org/
ja/3.9/tutorial/controlflow.
html#arbitrary-argument-
lists

argsは実引数を意味するargumentsの略だよ

辞書として渡す可変長キーワード引数

　関数定義で、仮引数の一部に＊（アスタリスク）を2つ付けると、キーワード引数を1つの辞書にまとめる**可変長キーワード引数**になります。可変長キーワード引数を持つ関数を呼び出す時にキーワード引数を渡すと、指定した仮引数の名前がキー、実引数が値として、1つの辞書にまとめられます。

　辞書になった可変長キーワード引数を、そのまま表示するプログラムを書いて実行してみましょう。

POINT

可変長キーワード引数に1つも値が渡されなかった場合、空の辞書を作ります

> **c7_3_2.py**

```
001   def champions(**kwargs):
002       print(kwargs)
003
004
005   champions(flower='桜木', human='武士', fish='鯛')
```

実行結果

```
{'flower': '桜木', 'human': '武士', 'fish': '鯛'}
```

　可変長キーワード引数には「****kwargs**」という名前を付けるのが慣例になっています。

　辞書型のkwargsに対してfor文で繰り返し処理を行うよう、champions関数を書き換えます。

kwargs は keyword arguments の略だ

> **c7_3_3.py**

```
001   def champions(**kwargs): ……関数championsの処理を修正
002       for category, best_one in kwargs.items():
003           print(f'{category}は{best_one}。')
004
005
006   champions(flower='桜木', human='武士', fish='鯛')
```

実行結果

```
flowerは桜木。
humanは武士。
fishは鯛。
```

注意

1つの関数の引数として可変長位置引数 (*args) と可変長キーワード引数 (**kwargs) を両方とも使う時は、必ず可変長位置引数を先に定義しなければいけません。

7章 ▼ 関数を作る

実引数のアンパック

　関数を呼び出す時、**実引数として渡すリストやタプルの頭に * （アスタリスク）を付けると、アンパックしてその中に含まれる個々の要素を1つずつ関数に渡す**ことができます。

　これは、**すでにリストやタプルにまとめられているデータを複数の引数として関数に渡したい**場合に便利です。

　リストをアンパックして個々の要素を引数として渡すプログラムを書いてみましょう。

今度は関数を呼び出す時の話だ

▶ c7_3_4.py

```
001   def read_score(*args):
002       for hall, score in enumerate(args, start=1):
003           print(f'{hall}番ホール:{score}打')
004
005
006   score_list = [5, 6, 4]
007   read_score(*score_list)
```

▶ 実行結果

```
1番ホール:5打
2番ホール:6打
3番ホール:4打
```

　read_score関数は可変長位置引数を受け取りますが、この関数に渡したい数字のデータは6行目ですでにリストscore_listにまとめられています。

　このような場合、7行目にあるように**リストの頭に * （アスタリスク）を付ける**と、個々の要素がアンパックされて複数の引数として渡されます。

　7行目を「read_score(score_list[0], score_list[1], score_list[2])」と書いても同じ結果になりますが、この書き方ではリストscore_listの長さが変わった場合に対応できません。

参考URL

引数リストのアンパック
https://docs.python.org/
ja/3.9/tutorial/controlflow.
html#unpacking-argument
-lists

POINT

enumerate 関 数 につい
て忘れてしまった場合は、
P.102を見直しましょう。

適切な仮引数を選択せよ

空白になっている仮引数の定義部分を選択肢から選択してください。

```
def add_tax(                    ):
    return amount * (1.0 + (tax_rate / 100))

price = 1000
tax_included = add_tax(price)
```

① amount
② amount, tax_rate
③ amount, tax_rate=10

7 章 ▼ 関数を作る

```
def calcurate_circle(              ):
    return radius ** 2 * pi


area = calcurate_circle(10, pi=3.14)
```

1

① radius
② pi
③ radius, pi=3

```
def pack_things(              ):
    print(f'{required} {args}')


pack_things('ひときれのパン', 'ナイフ', 'ランプ')
```

2

① required, args
② *args, required
③ required, *args

エラーにならない呼び出し方を答えよ

空白になっている関数の呼び出し部分として、
エラーにならないものを選択肢から選択してください。

```
def wokashi(spring, summer, fall, winter):
    print(f'春は{spring} 夏は{summer}',
          f'秋は{fall} 冬は{winter}')
```

① **wokashi('あけぼの', '夜', fall='夕暮れ')**

②**wokashi('あけぼの', '夜', '夕暮れ', 'つとめて')**

③ **wokashi(['あけぼの', '夜', '夕暮れ', 'つとめて'])**

7章 ▼ 関数を作る

```
def calcurate_circle(radius):
    return radius ** 2 * 3.14



# 円の直径の長さを代入する
diameter = 5
# 円の面積を求める
area =
```

① **calcurate_circle()**

② **calcurate_circle(diameter / 2)**

③ **calcurate_circle(diameter, 2)**

```
def add_tax(amount, tax_rate):
    return amount * (1.0 + (tax_rate / 100))



price = 1100  # 税抜価格
discount = 100  # 値引き額
tax_rate = 10  # 税率
# 税込価格を求める
tax_included_price =
```

① **add_tax((price - discount) * tax_rate)**

② **add_tax(price, discount, tax_rate)**

③ **add_tax(price - discount, tax_rate)**

```
def multiply_all(*args):
    total = 1
    for number in args:
        total *= number
    return total



number_list = [5, 10, 15]
multiplied =
```

① **multiply_all(number_list)**

② **multiply_all(number_list[0:])**

③ **multiply_all(*number_list)**

別のファイルで定義した関数を呼び出す

これまで同一ファイル内で定義した関数を使うプログラムを書いてきましたが、定義した関数が多くなるとプログラムのメイン部分にたどり着くまでが長くなってしまいます。そのような場合は、**関数定義の部分を別のファイル**に分けておくとよいでしょう。

以下のように、call_shogun関数の定義だけを持つファイル、makimono.pyがあります。

> **makimono.py**

```
001    def call_shogun(number):
002        shogun = ['家康', '秀忠', '家光', '家綱', '綱吉', '家宣', '家継', '吉宗']
003        print(shogun[number - 1])
```

プログラムファイルから関数を取り込む**インポート**という処理を行うと、makimono.pyで定義した関数を、別のファイルで利用することができます。この時、インポートされるプログラムファイルのことを**モジュール**といいます。**インポートするモジュールの名前は、変数や関数と同じ命名規則に従わないといけない**ため、モジュールのファイル名はアルファベットのa~z、A~Z、_（アンダースコア）、数字の0~9だけを使って命名するようにしてください。

モジュールとなる**makimono.py**と同じ**フォルダ**に、以下のようにmakimono.py内の関数を利用するプログラムを配置します。モジュールの関数を使うには、キーワード**import**の後ろにモジュール名（プログラムファイルから拡張子を除いたもの）を書きます。次に、モジュール内の関数を使う時は「モジュール名.関数名()」と書きます。

> **c7_4_1.py**

```
001    import makimono
002
003    makimono.call_shogun(2)
```

> **実行結果**

```
秀忠
```

9章で学習するライブラリから関数をインポートする際も、import文を使用します。

8章

クラスを作る

クラスとは、変数とメソッドをまとめて定義する設計図です。クラスを自分で定義することで、これまでより大きな規模のプログラムを書くことができます。

クラスを定義する

クラスを自分で定義することで、Pythonにもともと用意されていないような構造のデータを新しく作ることができます。

クラスとは

これまで、文字列やリスト、辞書などPythonにもともと用意されているデータ構造、**組み込み型**を扱ってきましたが、まだ誰も作っていない構造のデータが必要な場合は、データの構造を規定する**クラス**を自分で定義する必要があります。9章で登場する標準ライブラリでも、独自のクラスが定義されているものがあります。

クラスとは**値を記憶する変数と、その変数を操作・使用するメソッドを定義する設計図**のようなものです。

「クラス」という言葉が設計図を表すのに対して、その設計図から実際に作られるデータを「**インスタンス（実体）**」といいます。たとえば、人についての情報を表現するPersonというクラスがあるとすれば、このクラスから作られるインスタンスは1人の人を表します。

Personクラスに人についての情報を記憶する**変数**と、その変数を操作する**メソッド**をまとめて定義すると、Personクラスから作られたインスタンスはすべて同じ変数を持ち、同じメソッドを利用できます。

POINT

クラスを一度定義しておくと、そのクラスから作られたインスタンスはすべて同じメソッドを利用できるため、効率的にコードを再利用できます。

 参考URL

クラス
https://docs.python.org/ja/3.9/tutorial/classes.html?highlight=method#classes

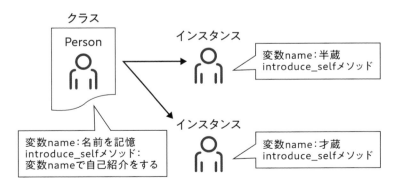

クラスとインスタンスをまとめて、プログラムの部品という意味を込めて**オブジェクト**とも呼びます。Pythonドキュメントでよく登場する用語なので、あわせて覚えておきましょう。

クラスは、変数とメソッドをまとめて定義できる設計図だ

クラスを定義する

クラスを自分で新しく作るには、キーワード**class**を書いた後、クラス名を定義します。行の終わりにはコロンを付けます。

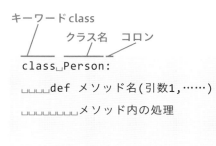

```
class␣Person:
␣␣␣␣def メソッド名(引数1,……)
␣␣␣␣␣␣␣␣メソッド内の処理


    def メソッド名(引数1,……)
        メソッド内の処理
```

クラス名は「Person」のように**最初の文字を大文字で書くのが一般的**です。それでは、Personクラスを定義してみましょう。まずは、クラスの定義だけを書くために、何もしない関数を作る時にも使用したpass文で中身がないクラスを定義します。

> c8_1_1.py

001	class Person:
002	pass

自分で定義したクラスのデータを作るには、クラス名を関数のように呼び出す必要があります。先ほどのプログラムに、Personクラスのインスタンスを作成して、それを変数に代入する行を書き足します。

> c8_1_1.py

001	class Person:
002	pass
003	
004	
005	hanzo = Person() …Personクラスからインスタンスを作成
006	saizo = Person() …Personクラスからインスタンスを作成

 参考URL

クラス定義
https://docs.python.
org/ja/3.9/reference/
compound_stmts.
html#class-definitions

POINT

クラス名が2単語以上になる時は、「ClassName」のように各単語の最初の文字を大文字にして「_」を使わずに連結するのが慣例です。このような命名の方法を、大文字になっている部分をラクダの盛り上がったコブに見立てて「キャメルケース」と呼びます。

POINT

クラス定義のブロックの下は、2行空けて書くのが慣例です。

これで変数hanzoと変数saizoには、文字列でも数値でもない独自に定義したPersonという型のデータが格納されました。しかし、Personクラスはpass文しか書かれていない空クラスなので、変数hanzoと変数saizoはただ存在しているだけで何の処理も行えません。

インスタンス変数を設定する

1つのクラスから名前の異なる複数のインスタンスを作っても、それぞれのインスタンスの中身がすべて同じで、独自の値を持たないのであれば、インスタンスを複数作った意味がありません。個々のインスタンスに独自の値を持たせるために、**インスタンス変数**という仕組みがあります。

インスタンス変数の定義は**クラスを初期化する__init__メソッド**の中で行います。2つずつの_（アンダースコア）で囲んだようなメソッド名には違和感があるかもしれませんが、__init__メソッドはインスタンスを生成する時に実行される**特殊メソッド**です。

個々のインスタンスに個性を持たせるのがインスタンス変数の役割だ

```
class Person():
␣␣␣␣def __init__(self, 引数1,……):
␣␣␣␣␣␣␣␣self.インスタンス変数1 = 引数1
              ／ピリオド
インスタンス自体が入った変数
```

__init__メソッドに限らずメソッドを定義する際は、必ず第1引数として**self**という値を受け取らなければなりません。これは、メソッドを実行したインスタンス自体を受け取ることを表していて、インスタンス変数を定義する時も、変数名の前にselfと.（ドット）を書く必要があります。

また、**インスタンスからメソッドを呼び出す際は、引数として何も書かなくても必ず第1引数としてインスタンス自体が渡され、仮引数selfに格納されています。**

Personクラスに__init__メソッドを定義し、インスタンス変数nameを設定するよう先ほどのプログラムを書き換えます。

POINT

selfはPythonの予約語ではありませんが、クラスのメソッドの第1引数には慣例としてこの名前が使われます。

参考URL

クラスとインスタンス変数
https://docs.python.org/ja/3.9/tutorial/classes.html?highlight=method#class-and-instance-variables

▶ c8_1_2.py

```
001  class Person:
002      def __init__(self, name):……… メソッドを定義
003          self.name = name
004
005
006  hanzo = Person('半蔵')……………… 引数を追加
007  saizo = Person('才蔵')……………… 引数を追加
008  print(hanzo.name) … hanzoのインスタンス変数nameを表示
009  print(saizo.name) … saizoのインスタンス変数nameを表示
```

8章 ▼ クラスを作る

実行結果

```
半蔵
才蔵
```

　6、7行目でインスタンスを作る時は引数を1つずつしか書いていませんが、__init__メソッドは何も書かれていなくても第1引数としてインスタンス自体を受け取っているので、合計で2つの引数を受け取っています。

　また、8、9行目にあるように、クラス定義の外でインスタンス変数を参照、または変更するには、インスタンス名と.(ドット)の後に変数名を書きます。

クラスにメソッドを定義する

　クラスには__init__メソッド以外にも独自のメソッドを定義できます。メソッドは関数と同じようにキーワードdefに続いてメソッド名と引数を書いて定義しますが、**第1引数として必ずselfを受け取る必要があること**に注意してください。

　Personクラスに、インスタンス変数nameから生成した文字列を表示するintroduce_selfメソッドを定義しましょう。

POINT

引数を受け取るメソッドを定義するときは、selfのあとに呼び出し時に使う引数を記述します。

c8_1_3.py

```python
001  class Person:
002      def __init__(self, name):
003          self.name = name
004
005      def introduce_self(self):        メソッドを追加
006          print(f'私の名前は{self.name}です')
007
008
009  hanzo = Person('半蔵')
010  saizo = Person('才蔵')
011  hanzo.introduce_self()            メソッドを呼び出し
012  saizo.introduce_self()            メソッドを呼び出し
```

参考URL

メソッドオブジェクト
https://docs.python.org/ja/3.9/tutorial/classes.html?highlight=method#method-objects

実行結果

```
私の名前は半蔵です
私の名前は才蔵です
```

introduce_selfメソッドはインスタンス変数nameを参照しています
が、その際「self.name」という書き方をしています。このように、クラ
ス定義の中でインスタンス変数を参照または変更する際は、selfと.（ドッ
ト）の後に変数名を書きます。

POINT

__init__ メソッドでインス
タンス変数を定義する時
も、self. に続けて変数名を
書きました。

クラス変数ですべてのインスタンスに共通の値を設定する

　インスタンス変数は個々のインスタンスでそれぞれ別の値を設定できますが、同じクラスから作られたす
べてのインスタンスに共通する値を設定したい場合は**クラス変数**を利用します。

　クラス変数を作成するには、クラス定義のブロック直下でクラス変数に値を設定する代入文を書きます。
以下のプログラムでは、クラス変数scientific_nameを持つDogというクラスを定義しています。

```
001  class Dog:
002      scientific_name = 'カニス・ルプス・ファミリアリス'
003
004
005  print(Dog.scientific_name)
```

▶ 実行結果

```
カニス・ルプス・ファミリアリス
```

　インスタンス変数は、クラスからインスタンスを作成した後にはじめて値が設定されますが、**クラス変数
はインスタンスを作成しないままでも、クラス名の後ろにピリオドを付けてクラス変数名を書くことで参照
できます。**

　上のプログラムでは、Dogクラスからインスタンスを作らないまま、5行目でクラス変数scientific_
nameを参照しています。

不適切なインデントを直せ

プログラムを見て、インデントが誤っている行に線を引いて、インデントを上げる必要がある場合は左向きの矢印を、下げる必要がある場合は右向きの矢印を書いてください。

```python
class Person:
    def __init__(self, arg_name):
➡️|    self.name = arg_name


hanzo = Person('半蔵')
```

```python
class Cat:
scientific_name = 'フェリス・シルヴェストリス・カトゥス'



print(Cat.scientific_name)
```

1

```python
class Car:
    def __init__(self, color):
    self.color = color



car = Car('blue')
```

2

```
class Paper:
    def __init__(self, size):
        self.size = size


    paper1 = Paper('A4')
```

```
class User:
    def __init__(self, anonymous, name):
        if anonymous:
            self.user_name = '匿名ユーザー'
        else:
            self.user_name = name



user1 = User(True, 'T.Yamada')
user2 = User(False, 'S.Inoue')
```

```
class Book:
    def __init__(self, title, author):
        self.title = title
        self.author = author

def on_sale(self):
    print(f'『{self.title}』{self.author}・著 発売中')


book1 = Book('源氏物語', '紫式部')
book1.on_sale()
```

行の処理順を書け②

プログラムを見て、行が処理される順番を書き込んでください（厳密にはclass文によるクラス名の登録が先に行われますが、この問題では①のところから開始とみなしてください）。

```
   class Person:
②      def __init__(self, arg_name):
③          self.name = arg_name


① hanzo = Person('半蔵')
```

```
   class Paper:
       def __init__(self, size):
           self.size = size


①paper1 = Paper('A4')
```

1

```
   class Car:
       def __init__(self, color):
           self.color = color


①taxi = Car('black')
   ambulance = Car('white')
```

2

```python
class User:
    def __init__(self, anonymous, name):
        if anonymous:
            self.user_name = '匿名ユーザー'
        else:
            self.user_name = name
```

```python
①user1 = User(True, 'T.Yamada')
  user2 = User(False, 'S.Inoue')
```

```python
class Book:
    def __init__(self, title, author):
        self.title = title
        self.author = author

    def on_sale(self):
        print(f'『{self.title}』{self.author}・著 発売中')
```

```python
①book1 = Book('源氏物語', '紫式部')
  book2 = Book('枕草子', '清少納言')
  book1.on_sale()
  book2.on_sale()
```

```
    class Geometry:
        def __init__(self, line_length):
            self.line_length = line_length

        def square_area(self):
            return self.line_length ** 2

        def circle_area(self):
            return self.line_length ** 2 * 3.14


①geo = Geometry(10)
  circle1 = geo.circle_area()
  square1 = geo.square_area()


    class Biology:
①     category = '動物'

        def __init__(self, species, vocal):
            self.species = species
            self.vocal = vocal

        def roar(self):
            print(f'{self.category}である'
                  f'{self.species}は'
                  f'{self.vocal}と鳴く')


②dog = Biology('犬', 'ワン')
  dog.roar()
```

SECTION 02 変数のスコープを知る

プログラムの中で作成した変数はそれぞれ使える範囲（スコープ）が決まっています。スコープを意識して、エラーのない正しいプログラムを書きましょう。

名前空間

定義した変数は、プログラムのどこからでも呼び出せるわけではありません。たとえば、**関数の中で作成した変数はその関数の中でしか参照することができません**。次の簡単なプログラムを実行すると、6行目のprint(tool)の処理で変数toolが定義されていないというエラーが発生します。

 c8_2_1.py

```
001   def assign_tool():
002       tool = '手裏剣'
003
004
005   assign_tool()
006   print(tool)
```

 実行結果

```
Traceback (most recent call last):
  File "c8_3_1.py", line 6, in <module>
    print(tool)
NameError: name 'tool' is not defined
```

このエラーの原因を知るには、Pythonにおける**名前空間**という考え方を知る必要があります。

Pythonは、さまざまなレベルの名前空間を持っています。これは**変数名、関数名、クラス名など1つの名前を持つものが1つに特定できる空間**のことで、**名前空間が異なれば同じ名前を持つものでも実体は別のものになります**。

次の図のように、同じプログラムの中でもクラス定義、クラスのメソッド定義、関数定義、メイン部分はそれぞれ別の名前空間を持っているので、同じ名前の変数を作っても実体はすべて別のデータになります。

参考URL

Pythonのスコープと名前空間
https://docs.python.org/ja/3.9/tutorial/classes.html?highlight=namespace#python-scopes-and-namespaces

エラーが発生しても慌てず騒がず、メッセージを読んでヒントを探してみよう

POINT

変数の有効範囲のことをスコープといい、基本的にはスコープの外からはその変数を参照することはできません。

8章 ▼ クラスを作る

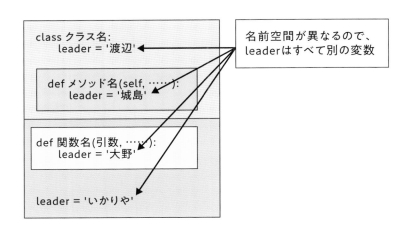

名前空間が異なるので、leaderはすべて別の変数

「リーダー」と呼ばれていても、場所によって誰のことを指すかは違う

　先ほどのプログラムでエラーが発生したのは、関数の中の名前空間は**ローカルな名前空間**になっているからです。ローカルな名前空間に作成された変数は**ローカル変数**といい、その名前空間の中でしか使用できません。また、**関数の仮引数もローカル変数の1つなので関数の中でしか使えません**。

グローバルな名前空間

　関数などが独自の名前空間を持つのに対して、プログラムのメイン部分は**グローバルな名前空間**となります。

　グローバルな名前空間に作成された変数は**グローバル変数**といいます。グローバル変数は、複数の関数にまたがってその値を参照することができますが、関数の中でグローバル変数の値を書き換えるには特別な手順が必要です。

　そのことを確認するため、先ほどのプログラムでグローバル変数tool を作成してみましょう。ここでは、あえてassign_tool関数で代入している値とは別の値を代入します。

POINT

関数の中の処理が実行されるのは関数が呼び出された時なので、グローバル変数の作成は関数の定義より下に書いていても問題ありません。

> **c8_2_2.py**

```
001    def assign_tool():
002        tool = '手裏剣'
003
004
005    tool = 'まきびし' …グローバル変数を作成
006    assign_tool()
007    print(tool)
```

まきびし

　assign_tool関数で変数toolに'手裏剣'を代入したのに、実行結果は'まきびし'が表示されました。これは、assign_tool関数の中の代入文「tool = '手裏剣'」がグローバル変数toolに値を代入しているのではなく、**ローカル名前空間の中に新しいローカル変数toolを作成している**からです。

　ローカル名前空間の中でグローバル変数の値を書き換えるのはあまり一般的ではありませんが、**キーワードglobal**を書いてその後にグローバル変数の名前を書くと、ローカル名前空間の中でグローバル変数を扱えます。

　assign_tool関数でグローバル変数toolを指定して、ローカル変数を作成するのではなくグローバル変数を書き換えてみましょう。

ローカルで済むことはローカルでやろう

🔵 c8_2_3.py

```
001   def assign_tool():
002       global tool  ……変数toolはグローバル変数であると指定
003       tool = '手裏剣'
004
005
006   tool = 'まきびし'
007   assign_tool()
008   print(tool)
```

POINT

キーワードglobalでグローバル変数を指定する処理だけで1行を終えることに注意してください。

🔵 実行結果

手裏剣

名前空間が分かれていることの意味

　複数の関数にまたがって扱うことができるグローバル変数は便利な場合もありますが、プログラムの規模が大きくなると、どこで値を更新、参照しているかがわかりにくくなるという問題があります。また、**グローバル変数の値を更新するとその影響が広範囲に及んでしまう**ため、関数内で不用意な更新を行うと危険な場合もあります。

　そのため、**関数内ではグローバル変数の更新をできるだけ行わない、複数の関数にまたがって値をやり取りする場合は引数を利用して値を受け渡す**などの工夫をすることが望ましいとされます。

POINT

ローカル変数はその名前空間でしか使えないというルールは窮屈に感じるかもしれませんが、値を更新することの影響が他の部分に及びにくいというメリットがあります。

⧗ 達成目標 **60** 秒

変数の種類を答えよ

プログラムを見て、指定された行の変数の種類として正しいものを選択肢から選択してください。

```python
def assign_tool:
    tool = '手裏剣'      #←A


tool = 'まきびし'
assign_tool()
print(tool)              #←B
```

A: tool
① ローカル変数   ② グローバル変数

B: tool
① ローカル変数   ② グローバル変数

```python
def calcurate_circle(radius):
    pi = 3.14              #←A
    return radius ** 2 * pi

diameter = 5
area = calcurate_circle(diameter / 2)
print(area)              #←B
```

A: pi   ① ローカル変数   ② グローバル変数
B: area   ① ローカル変数   ② グローバル変数

8章 ▼ クラスを作る

175

```
def calcurate_circle(radius, easy):
    if easy:
        global pi
        pi = 3                      #←A
    return radius ** 2 * pi



pi = 3.14                          #←B
diameter = 5
area = calcurate_circle(diameter / 2, True)
print(area)
```

A: pi 　① ローカル変数　② グローバル変数
B: pi 　① ローカル変数　② グローバル変数

```
class Animal:
    category = '動物'

    def __init__(self, species):
        self.species = species



dog = Animal('犬')
print(f'{dog.species}は{dog.category}')        #←A
```

A: dog.species 　① インスタンス変数　② クラス変数
A: dog.category 　① インスタンス変数　② クラス変数

9章

ドキュメントと
ライブラリ

Pythonの公式ドキュメントを読み解いたり、すでに用
意されている標準ライブラリを利用する方法を学べば、
先輩たちが残してくれた膨大な資源を利用できます。

SECTION 01 公式ドキュメントを読み解く

公式ドキュメントが充実している点も Python の大きな特徴の 1 つです。その読み方を身に付ければ、学習を自力で進める助けになります。

公式ドキュメントの構成

Python の公式ドキュメントは、公式サイト（https://www.python.org/）の「Docs」タブから表示できます。左上に言語とバージョンを切り替えるリストがあり、日本語を含む複数言語で過去数バージョンの記事を読むことができます。

ドキュメントはボランティアスタッフによって更新されている

言語とバージョンを選択

トップページが目次になっており、いくつかのドキュメントが存在することがわかります。「**チュートリアル**」は初心者向けの入門となっており、おおむね本書のような入門書と近しい内容です。入門段階の次によく読まれるのは、「**ライブラリーリファレンス**」と「**言語リファレンス**」でしょう。

「ライブラリーリファレンス」は Python に付属する**標準ライブラリ**の利用方法を解説したものです。標準ライブラリには誰もがよく使う関数、クラスが集められており、Python を学ぶにあたってその理解は欠かせません。一方、「言語リファレンス」は Python の文法解説をまとめたもので、演算子や文などの細かな仕様に疑問を感じた時に役立ちます。

ここでは「ライブラリーリファレンス」の読み方を中心に解説します。

POINT

最新バージョンのドキュメントは日本語化が完了していない部分もあり、少し前のバージョンにさかのぼると補えます。

9章 ▼ ドキュメントとライブラリ

ライブラリと組み込み要素

これまでに何度か**ライブラリ**という言葉が登場しました。ライブラリとは便利な機能（関数やクラスなど）をまとめた図書館のようなものです。この図書館には**モジュール**と呼ばれる本が入っており、そこからモジュールを借りる（インポートする）と、モジュール内の関数やクラスを利用できます。

ライブラリは忍者の「秘伝書」を集めた図書館のようなもの

ライブラリは大きく分けて、Pythonに最初から付属している標準ライブラリと、サードパーティ製ライブラリがあります。「ライブラリーリファレンス」で解説されているのは、標準ライブラリのほうです。

「ライブラリーリファレンス」の先頭数項目は、**組み込み関数や組み込み型**の説明です。これらは非常によく使うため、Pythonのインタプリタに組み込まれているもので、正確には標準ライブラリではありません。しかし、関数やクラスを持つことに違いはないため、同じドキュメント内で解説されています。

POINT

モジュールの実態は拡張子「.py」のファイルです。つまりモジュールのインポートとは、Pythonのプログラムに他のPythonのプログラムを取り込むことです。

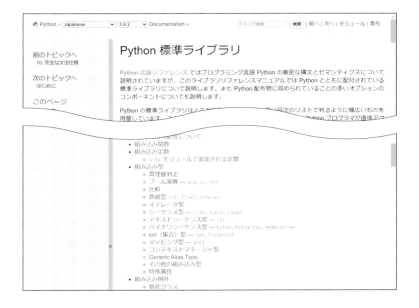

たとえば、文字列（str型）についてもう少し詳しく知りたい場合は、「ライブラリーリファレンス」の目次から「テキストシーケンス型 -- str」を選択します。このタイトルから文字列の別名がテキストシーケンス型であり、リストやタプルと同じシーケンス型の一種であることがわかります。これは、同じドキュメントの「シーケンス型 --- list, tuple, range」のところで解説されているシーケンス演算が文字列でも利用可能なことを表しています。

シーケンス型については4章で説明しているぞ

テキストシーケンス型 --- str

Python のテキストデータは str オブジェクト、すなわち 文字列 として扱われます。文字列は Unicode コードポイントのイミュータブルな シーケンス です。文字列リテラルには様々な記述方法があります:

- シングルクォート: '"ダブル" クォートを埋め込むことができます'
- ダブルクォート: "'シングル' クォートを埋め込むことができます"
- 三重引用符: '''三つのシングルクォート'''、"""三つのダブルクォート"""

三重引用符文字列は、複数行に分けることができます。関連付けられる空白はすべて文字列リテラルに含まれます。

単式の一部であり間のみの空白を含む文字列リテラルは、一つの文字列リテラルに暗黙に変換されます。つまり、("spam " "eggs") == "spam eggs" です。

エスケープシーケンスを含む文字列や、ほとんどのエスケープシーケンス処理を無効にする r ("raw") 接頭辞などの、文字列リテラルの様々な形式は、文字列およびバイト列リテラル を参照してください。

文字列は他のオブジェクトに str コンストラクタを使うことでも生成できます。

"character" 型が特別に用意されているわけではないので、文字列のインデックス指定を行うと長さ 1 の文字列を作成します。つまり、空でない文字列 s に対し、s[0] == s[0:1] です。

　少し下にスクロールしていくと、「文字列メソッド」という見出しが表れます。ここではstr型のメソッドがひと通り解説されています。

文字列メソッド

文字列は 共通 のシーケンス演算全てに加え、以下に述べるメソッドを実装します。

文字列は、二形式の文字列書式化をサポートします。一方は柔軟さが高くカスタマイズできます (str.format()、書式指定文字列の文法、および カスタムの文字列書式化 を参照してください)。他方は C 言語の printf 形式の書式化に基づいてより狭い範囲と型を扱うもので、正しく扱うのは少し難しいですが、扱える場合ではたいていこちらのほうが高速です (printf 形式の文字列書式化)。

標準ライブラリの テキスト処理サービス 節は、その他テキストに関する様々なユーティリティ (re モジュールによる正規表現サポートなど) を提供するいくつかのモジュールをカバーしています。

str.capitalize()
　最初の文字を大文字にし、残りを小文字にした文字列のコピーを返します。

　バージョン 3.8 で変更: 最初の文字が大文字ではなくタイトルケースに置き換えられるようになりました。つまり二重音字のような文字はすべての文字が大文字にされるのではなく、最初の文字だけ大文字にされるようになります。

str.casefold()
　文字列の casefold されたコピーを返します。casefold された文字列は、大文字小文字に関係ないマッチに使えます。

　最初のcapitalizeメソッドの説明を読んでみましょう。

---

str.capitalize()
最初の文字を大文字にし、残りを小文字にした文字列のコピーを返します。

バージョン 3.8 で変更: 最初の文字が大文字ではなくタイトルケースに置き換えられるようになりました。つまり二重音字のような文字はすべての文字が大文字にされるのではなく、最初の文字だけ大文字にされるようになります。

POINT

バージョン3.8でのcapitalizeメソッドの変更点は、英語以外のアルファベットに関するもので、日本人には少々わかりにくい内容です。興味がある方は以下のページを参照してください。

https://bugs.python.org/issue36549

capitalizeは英単語の先頭だけを大文字にするメソッドです。注目してほしいのは、「**文字列のコピーを返します**」という説明です。str型はイミュータブル（変更不可）なので、メソッドによって文字列そのものを変更することはできません。そのため、先頭だけを大文字にした新しい文字列を生成し、それを戻り値として返します。それが「文字列のコピーを返す」という説明の意味です。

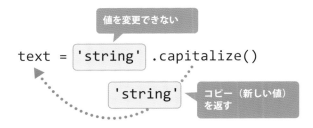

また、2段落目の「バージョン3.8で変更」以降の説明は、このメソッドの働きがバージョン3.8で変更されたことを意味します。このようにバージョンアップの際に、組み込み型や標準ライブラリ内のクラスの働きが変更されることがあります。

標準ライブラリ内のモジュールを調べる

「ライブラリーリファレンス」の組み込み要素の後は、標準ライブラリのモジュール解説が始まります。下表は標準ライブラリの中から一部を抜粋したものです。

忍者もたくさんのワザを持っているが、標準ライブラリも多彩なワザを持っているな

・標準ライブラリに含まれるモジュールの一部

ドキュメントの大項目	内容
テキスト処理サービス	re（正規表現）、unicodedataなどテキスト処理を行うモジュール
データ型	日付を扱うdatetimeなどさまざまなデータ型のモジュール
数値と数学モジュール	mathやrandomなど数学に関するモジュール
ファイルとディレクトリへのアクセス	pathlibなどのファイル関連のモジュール
データ圧縮とアーカイブ	zlibやgzipなど圧縮ファイル関連のモジュール
インターネット上のデータの操作	メールやJSON、Base64などのインターネット上のデータを扱うモジュール
Tkを用いたグラフィカルユーザインターフェイス	GUIアプリの開発のためのモジュール

例として、「データ型」にある日付時刻を扱う datetime モジュールの説明を見てみましょう。冒頭ではモジュール共通の説明があり、「利用可能なデータ型」のところでこのモジュールに含まれる型（クラス）が紹介されています。モジュール内で複数のクラスが定義されていることがあり、datetime モジュールの場合は 6 つの型（クラス）を持っています。

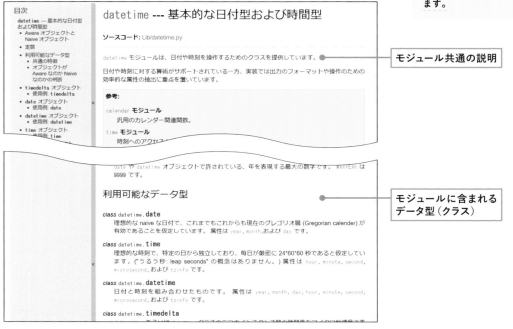

モジュール共通の説明

モジュールに含まれるデータ型（クラス）

さらにスクロールしていくと、型ごとの説明が始まります。「date オブジェクト」とあれば date 型や date クラスのことと考えてください。

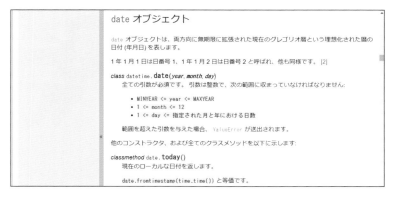

オブジェクト、型、クラスはそれぞれ正確な意味合いは異なるが、同じ意味で使われることも多い

オブジェクトの解説には、「インスタンスの作り方」「メソッド（インスタンスメソッド）の解説」「インスタンスを作らずに使えるメソッド（クラスメソッド）の解説」「その他の属性（定数など）」があります。以下は例としてドキュメントから引用したものです。

- **インスタンスの作り方の解説**

```
class datetime.date(year, month, day)
```
全ての引数が必須です。引数は整数で、次の範囲に収まっていなければなりません：

```
MINYEAR <= year <= MAXYEAR
1 <= month <= 12
1 <= day <= 指定された月と年における日数
```

範囲を超えた引数を与えた場合、ValueErrorが送出されます。

- **クラスメソッドの解説**

```
classmethod date.today()
```
現在のローカルな日付を返します。

- **メソッド（インスタンスメソッド）の解説**

```
date.replace(year=self.year, month=self.month,
 day=self.day)
```
キーワード引数で指定されたパラメータが置き換えられることを除き、同じ値を持つdateオブジェクトを返します。

以下はプログラム例です：
```
>>>
>>> from datetime import date
>>> d = date(2002, 12, 31)
>>> d.replace(day=26)
datetime.date(2002, 12, 26)
```

　これらの実際の使い方はP.188で解説しますが、要は「どんな引数を取るのか」「どんな結果（戻り値）を返すのか」さえがわかれば、たいていのメソッド（関数）は利用できます。便利なメソッドがないか時折ながめてみましょう。

POINT

インスタンスを作るためのメソッドのことを、コンストラクタとも呼びます。

説明を読んでも理解できない時は、プログラム例を見るとわかることがあるぞ

POINT

replaceは現在のdateオブジェクトを元に、年月日の一部を変更した新しいdateオブジェクトを生成するメソッドです。1行目のメソッド定義を見ると、引数のデフォルト値にselfの属性、つまり現在のインスタンスが持つ年月日を利用することがわかります。

ドキュメントの説明文の意味を選べ

公式ドキュメントからの引用文を見て、
その意味を正しく表している文に○を付けてください。

1

「数値型 `int, float, complex`」より引用
Python は型混合の算術演算に完全に対応しています: ある二項算術演算子の被演算子の数値型が互いに異なるとき、"より狭い方" の型の被演算子はもう片方の型に合わせて広げられます。ここで整数は浮動小数点数より狭く、浮動小数点数は複素数より狭いです。たくさんの異なる型の数値間での比較は、それらの厳密な数で比較したかのように振る舞います。
https://docs.python.org/ja/3.9/library/stdtypes.html#numeric-types-int-float-complex

① int型とfloat型の掛け算を行うと小数点以下は切り捨てられる

② int型とfloat型の足し算を行うと結果はfloat型になる

③ 1 == 1.0はFalseになる

2

「共通のシーケンス演算」より引用
同じ型のシーケンスは比較もサポートしています。特に、タプルとリストは対応する要素を比較することで辞書式順序で比較されます。つまり、等しいとされるためには、すべての要素が等しく、両シーケンスの型も長さも等しくなければなりません。
https://docs.python.org/ja/3.9/library/stdtypes.html#common-sequence-operations

① シーケンス同士の比較には辞書が使われる

② [10, 0, 30] == [0, 10, 30]はFalseになる

③ [0, 10, 30] == (0, 10, 30) はTrueになる

3

「文字列メソッド」より引用
str.removeprefix(prefix, /)

文字列が *prefix* で始まる場合、*string[len(prefix):]* を返します。それ以外の場合、元の文字列のコピーを返します:
https://docs.python.org/ja/3.9/library/stdtypes.html#str.removeprefix

① 文字列は常にprefixで始まる

② removeprefixメソッドの戻り値は文字列の長さである

③ removeprefixメソッドは先頭数文字を取り除く

「タプル型 (tuple)」より引用
タプルはイミュータブルなシーケンスで、一般的に異種のデータの集まり（組み込みの enumerate() で作られた 2-タプルなど）を格納するために使われます。タプルはまた、同種のデータのイミュータブルなシーケンスが必要な場合（set インスタンスや dict インスタンスに保存できるようにするためなど）にも使われます。
https://docs.python.org/ja/3.9/library/stdtypes.html#tuples

4

① **2-タプルとはenumerate関数で作成したタプルのことである**

② **タプルは異種のデータの集まりでなければならない**

③ **タプルはシーケンス型の一種である**

「組み込み型」より引用
演算には、複数の型でサポートされているものがあります；特に、ほぼ全てのオブジェクトは、等価比較でき、真理値を判定でき、（repr() 関数や、わずかに異なる str() 関数によって）文字列に変換できます。オブジェクトが print() 関数で印字されるとき、文字列に変換する関数が暗黙に使われます。
https://docs.python.org/ja/3.9/library/stdtypes.html#built-in-types

5

① **str型やint型の変数は、真理値の判定に使用できない**

② **str関数を使わないと文字列に変換できない**

③ **print関数でint型の値を表示するとき、型の変換が行われる**

「timedelta オブジェクト」より引用
class datetime.timedelta(days=0, seconds=0, microseconds=0, milliseconds=0, minutes=0, hours=0, weeks=0)
全ての引数がオプションで、デフォルト値は 0 です。引数は整数、浮動小数点数でもよく、正でも負でもかまいません。
days, seconds, microseconds だけが内部的に保持されます。引数は以下のようにして変換されます：

1 ミリ秒は 1000 マイクロ秒に変換されます。
1 分は 60 秒に変換されます。
1 時間は 3600 秒に変換されます。
1 週間は 7 日に変換されます。
https://docs.python.org/ja/3.9/library/datetime.html#timedelta-objects

6

① **days、seconds、microseconds以外の引数は無視される**

② **500ミリ秒は500,000マイクロ秒に変換される**

③ **1分は600,000,000マイクロ秒に変換される**

9章
▼
ドキュメントとライブラリ

モジュールのインポート

標準ライブラリ内の関数やクラスを利用するには、インポートという操作が必要です。インポートの書き方は数種類あります。

モジュール全体やクラス、関数をインポートする

標準ライブラリからインポートする方法はいくつかあります。1つはモジュール全体をインポートする方法です。

```
import モジュール名
```

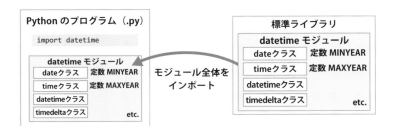

「モジュール名.名前」の形式だと入力は長いが、「名前が衝突」する危険は減る

この場合、モジュール内のクラスや関数を使う場合は、「**モジュール名.名前**」のように書きます。IDLEのシェルウィンドウで、import文とその結果を試してみましょう。インポートしたクラスの名前を入力すると、<class 'クラス名'>と表示されます。指定方法が間違っている場合はNameErrorが表示されるので、インポートが成功しているか確認できます。

・対話モード

```
>>> import datetime
>>> datetime.date  …… モジュール名.クラス名で利用する
<class 'datetime.date'>
```

モジュール内の一部しか使わない場合は、次のようにfromを追加することで、指定したクラスまたは関数のみインポートできます。

```
from モジュール名 import 名前
```

注意

「名前の衝突」とは、クラスや関数、変数の名前がプログラム内で重複することです。たとえばdateクラスをインポートした後でdateという変数を定義すると、名前が衝突してdateクラスが使えなくなってしまいます。

POINT

モジュールから複数のクラスや関数を読み込みたい場合は、「名前,名前」のようにカンマ区切りで列挙します。

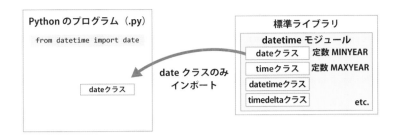

POINT

datetimeモジュールは標準ライブラリに収録されており、日付時刻を扱います（P.188参照）。

この場合、**クラスや関数の名前のみ**でモジュール内のクラスを使うことができます。「from～import」形式の利用例を見せます。

・対話モード

```
>>> from datetime import date
>>> date ……………dateというクラス名のみで利用できる
<class 'datetime.date'>
```

インポート時に別名を付ける

import文に「as」を付けると、インポート時にモジュールやクラス、関数に別名を付けることができます。名前が長すぎて入力しにくい時や、名前の衝突を避けるために使います。

```
import モジュール名 as 別名
from モジュール名 import 名前 as 別名
import パッケージ名.モジュール名 as 別名
```

次の例は、日付を扱うdatetimeモジュールのdateクラスに「libdate」という別名を付ける例です。

・対話モード

```
>>> from datetime import date as libdate
>>> libdate …………別名を入力
<class 'datetime.date'>
```

サードパーティ製ライブラリには名前が非常に長いものがあり、その場合はモジュールに別名を付ける場合もあります。次の例はmatplotlibパッケージ内のpyplotモジュールに、pltという別名を付けています。

・対話モード

```
>>> import matplotlib.pyplot as plt
>>> plt ………………別名を入力
<module 'matplotlib.pyplot' from '……matplotlib\\pyplot.
py'>
```

忍者もたくさんの別名を持っているぞ。「与作」「五作」「田子作」……

POINT

matplotlibはグラフ描画のためのサードパーティ製ライブラリで、実際に使う場合はpipコマンドによるインストールが必要です。pipコマンドについては少し後で説明しますが、「pip install matplotlib」でインストールします。

9章 ▼ ドキュメントとライブラリ

187

日付を扱う datetimeモジュール

ここからは標準ライブラリのモジュールをいくつか紹介していきましょう。1つ目は使用頻度が高いdatetimeモジュールです。日付時刻を扱うことができます。

datetimeモジュールのクラス

datetimeは日付や時刻を扱うモジュールです。その中にいくつかのクラスが定義されていますが、最低限覚えなければいけないのは、日付時刻データを表す**datetimeクラス**と、時間差を表す**timedeltaクラス**でしょう。datetimeクラスで任意の日時を表現し、timedeltaクラスを組み合わせて2つの日時の差を求めたり、特定期間後の日時を求めたりするなどの時間計算を行うことができます。

参考URL

datetime --- 基本的な日付型および時間型
https://docs.python.org/ja/3.9/library/datetime.html

その他に日付のみを扱う date クラス、時刻のみを扱う time クラス、タイムゾーンを扱う timezone クラスなどが定義されています。

datetimeクラスで日付を表す

datetimeクラスは、datetimeコンストラクタに年月日、時分秒、マイクロ秒などを指定してインスタンスを作成します。

▶ c9_3_1.py

```
001   from datetime import datetime
002
003   newyear = datetime(2021, 1, 1, 12)
004   print(newyear)
```

● 実行結果

```
2021-01-01 12:00:00
```

> dateクラスの場合は年月日、timeクラスの場合は時分秒とマイクロ秒が指定できる。使い方はdatetimeクラスとほぼ同じだ

現在の日時が必要な場合は、**nowメソッド**を利用します。

> **c9_3_2.py**

```
001    from datetime import datetime
002
003    newyear = datetime(2021, 1, 1, 12)
004    print(newyear)
005    now1 = datetime.now() ················· 現在の日時を取得
006    print(now1)
```

● 実行結果

```
2021-01-01 12:00:00
2021-03-26 22:39:19.759903
```

datetimeクラスはイミュータブル（変更不可）なので、インスタンスを作成した後で変更できません。そのため、一部を変更した日時がほしい場合は、**replaceメソッド**を利用して新しいインスタンスを作成します。

次の例はnowメソッドで現在日時を取得し、replaceメソッドで時刻を正午に変更しています。

> **c9_3_3.py**

```
001    from datetime import datetime
002    newyear = datetime(2021, 1, 1, 12)
003    print(newyear)
004    now1 = datetime.now()
005    now2 = now1.replace(hour=12, minute=0, second=0,
006                            microsecond=0)
007    print(now2)
```

● 実行結果

```
2021-01-01 12:00:00
2021-03-26 12:00:00
```

日時の計算を行う

timedeltaクラスを組み合わせると、日付時刻の計算を行うことができます。日付時刻同士の引き算を行った場合、結果はtimedeltaの値が返されます。また、日付時刻にtimedeltaを足し引きした場合、指定期間後（または前）の日付時刻が得られます。

まず、datetimeの引き算を試してみましょう。今日の日付から年始の正午を引きます。

POINT

nowメソッドはクラスメソッドというもので、インスタンスを作成せずに呼び出せます。形式は「クラス名.メソッド名」です。

nowメソッドの戻り値は、君が実行したその時の日時。本と違っていても驚くな

POINT

マイクロ秒は100万分の1秒です。1000マイクロ秒は1ミリ秒、1000ミリ秒は1秒となります。

9章
▼
ドキュメントとライブラリ

001	from datetime import datetime, timedelta
002	
003	newyear = datetime(2021, 1, 1, 12) ········ 年始の正午
004	print(newyear)
005	now1 = datetime.now() ··········· 現在の日時
006	print(now1)
007	term = now1 - newyear
008	print(term)

timedeltaクラスは、引き算、掛け算、割り算など、数値でできる計算はだいたいできる

◎ 実行結果

```
2021-01-01 12:00:00
2021-03-29 14:37:32.724753
87 days, 2:37:32.724753
```

　次は指定期間後の日付時刻を求めます。1月20日の正午から15日6時間後を求めます。

> c9_3_5.py

001	from datetime import datetime, timedelta
002	
003	newyear = datetime(2021, 1, 20, 12) ······· 1月20日の正午
004	print(newyear)
005	term = timedelta(days=15, hours=6) ········ 15日6時間後
006	endday = newyear + term
007	print(endday)

POINT

timedeltaクラスのコンストラクタに指定できる引数は、days、seconds、microseconds、milliseconds、minutes、hours、weeksです。省略時は0とみなされます。

◎ 実行結果

```
2021-01-20 12:00:00
2021-02-04 18:00:00
```

　月をまたいだ計算でも正しく結果が得られることがわかります。
　timedeltaは掛け算、割り算することもできます。次の例は8時間×5を求めたものです。

> c9_3_6.py

001	from datetime import datetime, timedelta
002	
003	eight_hours = timedelta(hours=8)
004	fourty_hours = eight_hours * 5
005	print(fourty_hours)

datetimeに対して掛け算はできないぞ。理由はわかるよね

```
1 day, 16:00:00
```

計算結果は1日と16時間になりました。timedeltaは日数＋時間という形式で表示するため、何時間かかったのかが把握しにくいですね。**total_seconds**メソッドで期間の総秒数を求められるので、それを3600で割れば時数になります。

> **c9_3_6.py**

```
001    ……前略……
002    print(fourty_hours.total_seconds() / 3600)
```

◉ 実行結果

```
1 day, 16:00:00
40.0
```

注意

timedeltaクラスのsecondsでも秒数が取り出せますが、それは期間のうちの秒数だけを取り出したもので、総秒数ではありません。

日付時刻の書式を指定する

日付時刻を表示する際の書式を指定したい場合は、f-string（P.124参照）を使います。%Yや%mなどの書式指定子を使い、{変数名：書式文字列}の形式で書きます。

> **c9_3_7.py**

```
001    from datetime import datetime
002
003    newyear = datetime(2021, 1, 1, 12)
004    print(f'{newyear:%Y年%m月%d日}')
005    print(f'{newyear:%H時%M分%S秒}')
```

◉ 実行結果

```
2021年01月01日
12時00分00秒
```

注意

日付時刻の書式指定子は、大文字と小文字で意味が異なるので注意してください。例えば%yを指定した場合、下2桁の年数になります。

逆に任意の日付文字列をdatetimeにしたい場合も書式指定子を使います。datetime.strptime(日付文字列, 書式文字列)のように指定すると、datetimeのインスタンスが返されます。

達成目標 120 秒

指定した日時を表す
オブジェクトを作成しろ

指定した日時を見て、それを表すためのコンストラクタの指定を答えてください。

1980 年 7 月 15 日の午後 2 時ジャスト

```
datetime(1980, 7, 15, 14)
```

1

21世紀最初の元旦の正午

```
datetime(                                    )
```

2

1時0分0秒

```
time(                                    )
```

3

500ミリ秒

```
time(microsecond=                    )
```

4

令和元年5月1日

```
date(                                    )
```

日付時刻の計算式を見て
結果を書け

日付や時刻を利用した計算式を見て、結果の抜けた部分を埋めてください。

```
>>> date(2021, 4, 15) - date(2021, 4, 1)
```

⬇

```
timedelta(days=14)
```

1
```
>>> timedelta(minutes=10) * 4
datetime.timedelta(seconds=                    )
```

2
```
>>> timedelta(hours=12) * 6
datetime.timedelta(days=                    )
```

3
```
>>> date(2021, 4, 15) + timedelta(days=5)
datetime.date(                    )
```

4
```
>>> timedelta(hours=1) + timedelta(minutes=5)
datetime.timedelta(seconds=                    )
```

pathlibで ファイルを操作する

pathlibはファイルを扱うためのモジュールです。画像加工やデータ分析などでも、何らかのファイルを扱う場合はpathlibで対象のファイルを指定します。

パスの作成

pathlibモジュールのPathクラスはパス（ファイルの場所を表す文字列）を表すもので、コンストラクタの引数にはPathクラスで表したいファイルやフォルダ名を指定します。何も指定しなかった場合は、**カレントディレクトリ**（現在このプログラムが置かれているフォルダ）が対象になります。

また、複数のパスを「/（スラッシュ）」で連結できます。

> **c9_4_1.py**

```
001  from pathlib import Path
002
003  target_file = Path('sample.txt')
004  target_dir = Path('test_dir')
005  merge_path = target_dir / target_file
006  print(f'相対パス: {merge_path}')
```

実行結果

```
相対パス: test_dir¥sample.txt
```

上のサンプルプログラムで作成したパスは、カレントディレクトリを起点とした相対パスです。**absolute**メソッドを利用して絶対パスに変換してみましょう。参考として**cwd**メソッドでカレントディレクトリも表示してみます。

> **c9_4_2.py**

```
001  from pathlib import Path
002
003  target_file = Path('sample.txt')
004  target_dir = Path('test_dir')
```

 参考URL

pathlib --- オブジェクト指向のファイルシステムパス
https://docs.python.org/ja/3.9/library/pathlib.html

POINT

相対パスはカレントディレクトリを起点とした相対関係で表すパスです。絶対パスは最上位のドライブを起点としたパスです。パスの区切り文字はOSによって異なり、Windowsでは\（¥）、macOSでは/が使われれます。

パス（path）とは通り道のこと。忍者が通るのはケモノ道

```
005    merge_path = target_dir / target_file
006    print(f'相対パス: {merge_path}')
007    abs_path = merge_path.absolute()
008    print(f'絶対パス: {abs_path}')
009    cur_path = Path.cwd()
010    print(f'現在地: {cur_path}')
```

▶ 実行結果

```
相対パス: test_dir¥sample.txt
絶対パス: C:¥Users¥ohtsu¥Documents¥test_dir¥sample.txt
現在地: C:¥Users¥ohtsu¥Documents¥ninja_python
```

POINT

実行環境によって絶対パスは変化します。本書サポートページのサンプルファイルを使っている場合、カレントディレクトリは ninja_python となるはずですが、それより上はOSやユーザーフォルダの場所によって変化します。

Path クラスは、パスで指定したファイルやフォルダ（ディレクトリ）を操作するためのメソッドやプロパティを持っており、ファイルやフォルダの作成／削除／リネーム／移動などを行えます。

・ファイルを操作するためのメソッド

メソッド	働き
touch	更新日時を更新するか、ファイルを作成する
unlink	ファイルを削除する
mkdir	フォルダを作成する
rmdir	フォルダを削除する
exists	存在を確認する
rename	リネームまたは移動する
is_dir	パスがフォルダなら True を返す
is_file	パスがファイルなら True を返す
match	パスがパターンにマッチしていれば True を返す
home	ホームフォルダを取得（Windowsでは「C:¥Users¥ユーザー名」、macOSでは「Macintosh HD/Users/ユーザー名」）

・パスから情報を取得するプロパティ

プロパティ	働き
parent	親の階層を取得
suffix	拡張子を取得
stem	拡張子を除いた名前を取得
name	パス末尾の名前を取得

複数ファイルの取得

Path クラスの**glob**メソッドを利用すると、指定したフォルダ内のファイルやフォルダの一覧を取得できます。一覧を取得すれば、それを元にファイルの読み書きなどの操作を行えるため、複数ファイルを対象とした自動処理に役立ちます。

glob メソッドでは、**ワイルドカード**（*）を使ったパターンを指定して、ファイルの種類を絞り込むことができます。ワイルドカードは「任意の文字列」を意味し、たとえば「a*b」にすると「aで始まってbで終わる名前」にマッチします。次のサンプルはカレントディレクトリ内の、拡張子「.py」を持つファイルを表示します。

POINT

glob メソッドはパターンに当てはまる名前であれば、ファイルもフォルダも区別しません。ただし、一般的にフォルダ名には拡張子を付けないため、「*.py」や「*.txt」と指定すれば、ファイルが取得されます。

> **c9_4_3.py**

```
001   from pathlib import Path
002
003   target_dir = Path()  ……………… カレントディレクトリを指定
004   for path in target_dir.glob('*.py'):
005       print(path)
```

> 実行結果

```
c9_3_1.py
c9_3_2.py
c9_3_3.py
c9_3_4.py
……後略……
```

POINT

ファイルとフォルダを正確に見分ける必要があったら、is_dir／is_file メソッドを利用しましょう。

パターンを「*.*」とした場合は、「途中に . を挟む名前」（一般的にはファイル名）にマッチします。さらに「**/*」と書くと、下層のフォルダまで探索してファイルやフォルダの一覧を取得できます。

ファイルの読み書き

read_text メソッドと **write_text** メソッドを利用すると、テキストファイルを読み書きすることができます。Python にはファイル読み書きのための open 関数などもありますが、read_text メソッドと write_text メソッドならパスから直接読み書きの操作が行える上、読み書きの後で自動的にファイルを閉じてくれます。

> **read_text メソッド**

```
data = パス.read_text(encoding=文字コード)
```
　　　　└ 読んだ内容が代入される

> **write_text メソッド** ┌ 書き込む内容を指定する

```
パス.write_text(data, encoding=文字コード)
```

引数 encoding には、読み込むファイルに合わせた文字コードを指定しなければいけません。文字コードとは各文字に割り振られた番号のことで、これがファイルと合っていないと読み込みエラーが発生します。よく

開いたファイルは閉じねばならないが、Path クラスのメソッドは自動的にやってくれる

使われる文字コードに、「utf8」「sjis（シフトJIS）」などがあります。

　次のサンプルは、カレントディレクトリ内の「.py」ファイルの内容を読み込み、内容のテキストを表示します。

> **c9_4_4.py**

```
001   from pathlib import Path
002
003   target_dir = Path()
004   for path in target_dir.glob('*.py'):
005       txt = path.read_text(encoding='utf8')
006       print(f'パス:{path}')  ············ ファイル名の出力
007       print(txt)  ········ ファイル内容の出力
```

● 実行結果

```
パス:c10_1_1.py ······ファイル名
num ;= 5
def, room = 10, 5          ファイルの内容

パス:c10_1_10.py ·····ファイル名
from pathlib import Path

def readsample():
    target = Path('sample.txt')
    return target.read_text(encoding='uff-8')      ファイルの
                                                   内容

……後略……
```

　ここでは単に読み込んで表示しているだけですが、文字列のメソッドなどを組み合わせて加工し、加工後の状態で保存することもできます。読み込んだテキストをリストや辞書に入れて、データベース的に使うこともよくあります。

参考URL

標準エンコーディング
https://docs.python.org/
ja/3.9/library/codecs.
html#standard-encodings

POINT

「.jpg」と「.png」の画像ファイルをまとめて処理したい場合など、1つのパターンで取得できない場合は、Pathクラスのmatchメソッドとif文を組み合わせて判定するなどの工夫が必要です。

9章 ▼ ドキュメントとライブラリ

出力結果を書け⑩

Pathクラスを利用したプログラムを見て、出力されるものを書いてください。区切り文字は「\」「¥」「/」のいずれでもかまいません。

```
target = Path('sample.txt')
print(target)
```

```
sample.txt
```

1
```
target = Path('test') / 'sample.txt'
print(target)
```

2
```
target = Path('test/sample.txt')
print(target.parent)
```

3
```
target = Path('test/sample.txt')
print(target.stem)
```

4
```
target = Path('test/sample.txt')
print(target.name)
```

4
```
target = Path('test/sample.txt')
print(target.suffix)
```

glob メソッドのパターンを考えろ

赤文字のファイルやフォルダが出力されるよう、globメソッドのパターンを考えてください。
targetには対象フォルダを表すパスが入っているものとします。

alpus.png	test.jpg
license.txt	version.txt
sample.txt	
test.txt	

➡

```
for path in target.glob('*.txt'):
    print(path)
```

1

alpus.png	test.txt
license.txt	test.jpg
sample.txt	version.txt

```
for path in target.glob('          '):
    print(path)
```

2

amoeba.png	test.txt
license.txt	test.jpg
sample.txt	version.txt

```
for path in target.glob('          '):
    print(path)
```

3

alpus.png	test.txt
images	test.jpg
license.txt	version.txt

```
for path in target.glob('          '):
    print(path)
```

4

alpus.png	version.txt
images	log/dat1.txt
license.txt	log/dat2.txt
test.txt	log/dat1.bk
test.jpg	log/dat2.bk

```
for path in target.glob('          '):
    print(path)
```

9章 ▼ ドキュメントとライブラリ

サードパーティ製ライブラリを導入する

サードパーティ製ライブラリを利用するには、インポート前にインストールが必要です。例として画像を扱う Pillow をインストールして使ってみましょう。

pipコマンドでパッケージをインストールする

第三者が公開している**サードパーティ製ライブラリ**は、データ分析、機械学習、画像処理といったさまざまな目的のために用意されています。

サードパーティ製ライブラリの配布物を**パッケージ**と呼び、パッケージインストーラーを使ってインストールする必要があります。Python標準のパッケージインストーラーは**pipコマンド**です。IDLEのシェルではなく、WindowsならコマンドプロンプトやPowerShell、macOSならターミナルで実行します。

pipコマンドは、「pip サブコマンド 引数やオプション」の形式で実行します。よく使うものを下表にまとめました。

POINT

Pythonのパッケージインストーラーには、pipの他に、condaやpoetryなどいくつかの種類があります。混在して使用すると副作用があるので、本書ではpipのみ解説します。

・ pipコマンドの主な使い方

コマンド	働き
pip install パッケージ名	指定したパッケージをインストール
pip install パッケージ名==バージョン	特定バージョンのパッケージをインストール
pip install -U パッケージ名	指定したパッケージを最新バージョンにアップデート
pip uninstall パッケージ名	パッケージをアンインストール。-yオプションを付けると確認操作なしでアンインストールされる
pip list	インストール済みパッケージを一覧表示
pip list -o	アップデートが可能なパッケージを一覧表示

注意

macOSでは古いバージョンのpipコマンドもインストールされているため、「pip3」と入力してください。

例として画像処理用の**Pillow（ピロー）**というパッケージをインストールしてみましょう。コマンドプロンプトやターミナルを起動し、次のように入力してください。

```
pip install Pillow
```

Pillowは英語で枕のこと。前身となったPython Image Library（PIL）をもじったものらしい

インターネット上の**PyPI**というサイトからパッケージがダウンロードされ、インストールが実行されます。インストールに成功すると「Successfully installed」と表示されます。

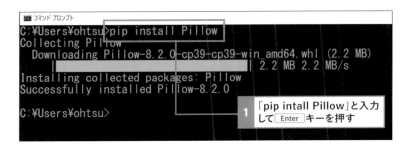

「pip intall Pillow」と入力して[Enter]キーを押す **1**

インストールが完了したら、「pip list」を実行してインストール済みのパッケージを確認してみましょう。

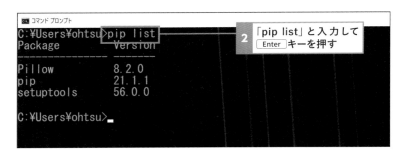

「pip list」と入力して[Enter]キーを押す **2**

Pillowのパッケージ名とバージョンが表示されるはずです。
ここで「'pip'は、内部コマンドまたは外部コマンド……として認識されていません」といったエラーが表示される場合は、Pythonのインストール時にパスが適切に設定されていない可能性があります。その場合、Windowsなら「py -m pip サブコマンド」、macOSでは「python -m pip サブコマンド」という形式で実行してみてください。

フォルダ内の画像ファイルのサイズを調べる

インストールしたPillowを使ってみましょう。パッケージ名はPillowですが、インポート対象のモジュール名は「PIL」となります。今回のサンプルでは、画像を表す**Imageクラス**をインポートし、フォルダ内のJPEGファイルの一覧を取得して、そのサイズを列挙します。
JPEGファイルの一覧を取得するために、pathlibモジュールのPathクラスを利用します。今回はPathクラスのhomeメソッドを使ってホームフォルダのパスを取得し、その中のPicturesフォルダを対象としました。globメソッドを利用し、「.jpg」という拡張子を持つファイルの一覧を取得します。JPEGファイルであっても、拡張子が「.jpeg」だと含まれない点に注意してください。

POINT

PyPI（Python Packaging Index、パイピーアイ）はPython公式のパッケージリポジトリ（貯蔵庫）です。オープンソースのパッケージが登録されており、「https://pypi.org/」からアクセスできます。

POINT

特に指定しない場合、最新の安定バージョンがインストールされます。最新版で仕様が変わったなどの理由で、旧バージョンが必要になった場合は「Pillow==8.0」のようにバージョンを指定してインストールします。

POINT

ホームフォルダのパスは一般的にはWindowsならC:¥Users¥＜ユーザー名＞、macOSならMacintosh HD/Users/＜ユーザー名＞です。また、Picturesフォルダ以外を調べたい場合は、連結するパスを変更してください。

> **c9_5_1.py**

```
001    from PIL import Image
002    from pathlib import Path
003
004    home_dir = Path.home()
005    target_dir = home_dir / 'Pictures'
006    for path in target_dir.glob('*.jpg'):
007        img = Image.open(path)
008        print(f'{path.name}\t'
009              f'{img.width}×{img.height}')
```

パスの連結に使用する「/」
は、左右のどちらか一方
が文字列でも連結できま
す。今回のサンプルでは
ホームフォルダのパスに
「Picutres」という文字列
を連結しています。

7行目で画像ファイルのパスを、Imageクラスの**openメソッド**に渡します。openメソッドは画像ファイルを読み込んで、Imageオブジェクト（インスタンス）を返します。その**width、heightプロパティ**を利用して画像サイズ（ピクセル数）を取得できます。

> **実行結果**

```
IMG_0785.jpg       800×1067
IMG_0786.jpg       663×883
IMG_0866.jpg       662×883
IMG_0867.jpg       707×943
IMG_0998.jpg       768×943
IMG_1198.jpg       4032×3024
IMG_1229.jpg       4032×3024
IMG_1231.jpg       4032×3024
kakinohatai3-1.jpg      780×612
online_edit_mihon.jpg      1920×1474
……後略……
```

このサンプルプログラムはパソコンのPicuterフォルダ内を表示しているので、表示結果はパソコンによって異なります。JPEG画像がまったく入っていない場合は何も表示されないので、適宜フォルダを変更して試してください。

せっかく画像を扱うImageクラスを使っているので、画像を表示してみましょう。画像を表示するには、Imageクラスのshowメソッドを利用します。c9_5_1.pyに少し処理を追加し、画像の幅が1000ピクセル未満であれば、画像を表示します。画像を何枚も表示するとウィンドウを閉じるのが面倒なので、1枚表示したらbreak文で繰り返しを終了します。

このサンプルプログラムは、大量の画像を扱う時に役立つぞ

9章
▼
ドキュメントとライブラリ

> c9_5_2.py

```
001    from PIL import Image
002    from pathlib import Path
003
004    home_dir = Path.home()
005    target_dir = home_dir / 'Pictures'
006    for path in target_dir.glob('*.jpg'):
007        img = Image.open(path)
008        print(f'{path.name}\t'
009              f'{img.width}×{img.height}')
010        if img.width < 1000:
011            img.show()            ············ 画像ファイルを表示
012            break
```

PNGやGIF形式の画像を開きたい場合は、globメソッドの引数を変えてみよう

▶ 実行結果

　Pillowの機能は画像を表示するだけではありません。画像のサイズを変更したり、線や円などを描き込んだりすることもできます。たとえば、画像の一部を切り抜きたい場合は、cropというメソッドを利用します。切り抜きたい範囲を (x1, y1, x2, y2) 形式のタプルで指定します。切り抜いた結果を残したい場合は、saveメソッドで保存します。

POINT

cropメソッドのx1, y1が切り抜き範囲の左上、x2, y2が切り抜き範囲の右下となります。単位はピクセルです。

c9_5_3.py

```
001    from PIL import Image
002    from pathlib import Path
003
004    home_dir = Path.home()
005    target_dir = home_dir / 'Pictures'
006    for path in target_dir.glob('*.jpg'):
007        img = Image.open(path)
008        print(f'{path.name}\t'
009            f'{img.width}×{img.height}')
010        if img.width < 1000:        幅が1000以下なら切り抜く
011            cropimg = img.crop((0, 100, 800, 800))
012            cropimg.show()
013            cropimg.save('output.jpg')        保存
014            break
```

注意

画像ファイルに限った話ではありませんが、プログラムでファイルを加工する場合、同名で上書き保存してしまうと元に戻すことができません。なるべく、別ファイル名もしくは別フォルダ内に保存するようにしましょう。

実行結果

実行すると、プログラムのファイルと同じフォルダ内に「output.jpg」という画像ファイルが保存されます。今回は手軽に文字列で保存ファイル名を指定しましたが、Pathクラスも使用できます。

Pillowのメソッドを利用すれば、さらに複雑な画像加工もできます。興味がある方は、Pillowのドキュメントを参照してください。

 参考URL

Pillow(PIL Fork)
https://pillow.readthedocs.
io/

9章
▼
ドキュメントとライブラリ

⏳ 達成目標 **30** 秒

pipコマンドの正しい記述を選べ

問題文の処理を実行するために必要なコマンドを選択してください。

1

インストール済みのPillowが**8.0**以上かを調べたい

① pip list

② pip version Pillow

③ pip update Pillow

2

Pillowの**8.1**をインストールしたい

① pip install Pillow:8.1

② pip install Pillow==8.1

③ pip install Pillow<=8.1

3

Pillowを最新バージョンにアップデートしたい

① pip install -update Pillow

② pip install -U Pillow

③ pip update Pillow

9
章
▼
ド
キ
ュ
メ
ン
ト
と
ラ
イ
ブ
ラ
リ

代表的なサードパーティ製ライブラリ

　今回は画像操作用のPillowを紹介しましたが、もちろんサードパーティ製ライブラリは他にも
たくさんあります。人気の機械学習のジャンルではscikit-learnやTensorFlow、データ分析では
pandas、科学技術計算のNumPyとSciPy、Webスクレイピングに使われるBeautiful Soup、
WebフレームワークのDjangoやFlask、Excelファイルを操作するopenpyxlなど、非常に多くのラ
イブラリが存在します。

　PyPI（https://pypi.org）にWebブラウザでアクセスすると、ライブラリをキーワード検索するこ
とができます。

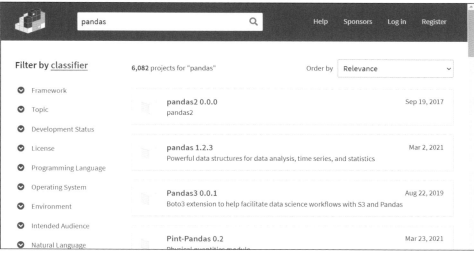

PyPIでパッケージを検索

　PyPIの検索キーワードが思いつかない場合は、「Python ライブラリ 機械学習」などのキーワード
でネット検索してみてもいいでしょう。

10章
エラーと例外処理

プログラムの開発において、エラーメッセージを解読し、自力で原因を見つけるスキルは非常に重要です。ここでは主なエラーを紹介し、一般的なエラー対策方法（例外処理）を解説します。

SECTION 01 エラーメッセージの見方

ここまでの学習中にエラーメッセージに遭遇した人も多いと思います。あらためて
エラーメッセージの見方や、一般的な解決方法などを掘り下げてみましょう。

主なエラーメッセージ

プログラムに何らかの問題があり、実行できない状態に陥った場合は、
例外（Exception） というものが発生し、**エラーメッセージ** を出して停止
します。プログラムを実行可能にするには、エラーメッセージと発生場所
を確認して、修正しなければいけません。

Pythonはエラーを教え
てくれるから優しい。
忍者は事前警告ナシだ

```
=========== RESTART: C:¥Users¥ohtsu¥Documents¥ninja_python¥c10_1_3.py ===========
Traceback (most recent call last):
  File "C:¥Users¥ohtsu¥Documents¥ninja_python¥c10_1_3.py", line 2, in <module>
    print(nam)
NameError: name 'nam' is not defined
>>> |
```

例外は、「変数に代入した値が不適切」「リストやタプルの使い方が不適
切」「操作しようとしたファイルが存在しない」などさまざまな原因で起
きます。ここでは、主な例外の意味と原因、対処法を解説します。

・代表的な例外

ジャンル	エラー名
構文エラー	SyntaxError、IndentationError、TabError
名前の間違い	NameError
型が不適切	TypeError、AttributeError
値が不適切	ValueError
リスト・辞書関連	IndexError、KeyError、LookupError
計算関連	ZeroDivisionError
モジュール関連	ImportError、ModuleNotFoundError
ファイル関連	FileExistsError、FileNotFoundError
文字関係	UnicodeEncodeError、UnicodeDecodeError

POINT

構文エラーは厳密にいうと
例外とは別のものとされて
おり、プログラム内に存在
すると実行すらできませ
ん。

10
章
▼
エ
ラ
ー
と
例
外
処
理

入力ミスで起きがちなエラー

　最初に紹介するのは、文法の間違いや入力ミスによって発生するエラーです。Pythonの文法に慣れないうちは、最もよく遭遇します。

・SyntaxError

　名前の通り構文（Syntax）の誤りを指摘するエラーです。次の例では1行目ではelif節を単独で使おうとしており、2行目では予約語を変数名として使おうとしています。いずれも文法上の誤りなのでSyntaxErrorとなります。

> **c10_1_1.py**

```
001  elif:                ……… ifなしでelifを書いている
002  def, room = 10, 5    ……… defの後にカンマ
```

> **実行結果**

```
SyntaxError: invalid syntax
```

・IndentationError

　if文やfor文の次行がインデントされていない場合や余計なインデントがある場合に発生します。似たエラーで、タブ文字とスペースのインデントが混在している場合、**TabError**が発生します。

> **c10_1_2.py**

```
001  num = 5
002  if num < 10:
003  print(num)            ……… インデントを忘れている
004  elif num < 20:
005      print(num)        ……… こちらはタブ文字によるインデント
006      print(num)        ……… こちらはスペースによるインデント
```

> **実行結果**

```
IndentationError: expected an indented block
TabError: inconsistent use of tabs and spaces in
indentation
```

　上の実行結果には2つのエラーがありますが、実際は1つ目が見つかった時点で実行が停止するため、同時にエラーメッセージが表示されることはありません。

POINT

テキストエディタによっては、構文エラーが見つかった時点でエディタの画面上で指摘します。そのため、エラーメッセージの形ではあまり見かけません。

注意

Pythonに対応したエディタではインデントの形式を自動統一してくれるので、TabErrorが起きることはめったにありません。ただし、ソースコードをWebページなどからコピーした場合などに遭遇することがあります。

・NameError

NameErrorは変数や関数、クラスの名前の定義が見つからない時に発生します。ミスタイプによって容易に発生します。

NameErrorを直すのはとても簡単。あせる必要はないぞ

> c10_1_3.py

| 001 | num = 128 ·············· numという名前の変数を定義 |
| 002 | print(nam) ·············· 変数名を間違ってnamと入力している |

● 実行結果

```
NameError: name 'nam' is not defined
```

型に関係するエラー

型に関するエラーもよく遭遇するものの1つです。文字列を扱う関数に、数値の引数を渡した場合などに発生します。

・TypeError

演算子や組み込み関数に対して、誤った型の変数を渡した場合に発生します。また、引数の数が違う場合などにも発生します。

> c10_1_4.py

| 001 | len(128) ·············· int型の長さを調べようとしている |
| 002 | 'abc' * 'def' ·············· str型同士の掛け算をしようとしている |

● 実行結果

```
TypeError: object of type 'int' has no len()
TypeError: can't multiply sequence by non-int of type
'str'
```

・AttributeError

オブジェクトが持つメソッドやインスタンス変数などをまとめて**属性**（**Attribute**）といいます。オブジェクトが持っていないメソッドなどを呼び出すと、**AttributeError**が発生します。

> c10_1_5.py

| 001 | text = 100 ·············· 変数にint型の値を代入 |
| 002 | text.split('0') ·············· str型のsplitメソッドを呼び出す |

● 実行結果

```
AttributeError: 'int' object has no attribute 'split'
```

POINT

TypeErrorが起きにくくするために、変数の内容がわかりやすい変数名を付けることをおすすめします。同じ変数に異なる型の値を入れることも避けましょう。

10章 ▼ エラーと例外処理

・**ValueError**

ValueErrorは、関数やメソッドが処理でない値を渡された時に発生します。関数、メソッドによってValueErrorになる値は異なります。

＞ **c10_1_6.py**

```
001    int('a100')   …int関数に整数に変換できない文字列を渡している
```

◉ **実行結果**

```
ValueError: invalid literal for int() with base 10: 'a100'
```

リスト・辞書の使用時に起きるエラー

リストのインデックスの範囲を超えた場合は**IndexError**が発生し、辞書に登録されていないキーを指定した場合は**KeyError**が発生します。これらの代わりに**LookupError**が発生することもあります。

＞ **c10_1_7.py**

```
001    nums = [0, 1, 2, 3, 4, 5]
002    nums[100]  ……… 要素6のリストに対してインデックス100を指定
003    namedic = { 'a': 'andrew', 'b': 'bakery' }
004    namedic['c'] ………… 存在しない「c」というキーを指定
```

◉ **実行結果**

```
IndexError: list index out of range
KeyError: 'c'
```

POINT

プログラムの実行時点でこれらのエラーが発生する恐れがある場合は、len関数で長さを調べたり、in演算子でキーを調べたりするようにしましょう。

計算で起きるエラー

コンピュータはゼロで割る計算はできないため、ZeroDivisionErrorが発生します。

＞ **c10_1_8.py**

```
001    100 / 0
```

◉ **実行結果**

```
ZeroDivisionError: division by zero
```

POINT

Pythonの整数(int型)には精度の制限がないため、上限を超えたことによるエラーは発生しません。

ファイルに関するエラー

ファイルを扱うプログラムでは、実行時にさまざまなエラーが発生します。対象のファイルが存在しない場合は**FileNotFoundError**が、すでに存在するファイルを作成しようとした時は**FileExistsError**が発生します。また、テキストファイルの読み書き時に、ファイル内で使われている文字コードと指定した文字コードが異なると、**UnicodeEncodeError**や**UnicodeDecodeError**が発生します。

注 意

ファイル処理や、ユーザーに文字列を入力させる処理を行う場合、何が起きるかわからないのでエラー対策が重要になります。対策せずにエラーが発生すると、ユーザーからは「突然落ちるプログラム」に見えてしまいます。

> **c10_1_9.py**

```
from pathlib import Path
target = Path('dummy.txt')
txt = target.read_text(encoding='shift-jis')
```

> 実行結果（ファイルが存在しない場合）

```
FileNotFoundError: [Errno 2] No such file or directory:
'dummy.txt'
```

> 実行結果（ファイルは存在するが文字コードが異なる場合）

```
UnicodeDecodeError: 'shift_jis' codec can't decode byte
0x86 in position 11: illegal multibyte sequence
```

if文などで事前に状態を調べることもできます。次のプログラムは、Pathクラス（P.194参照）のread_textメソッドで読み込む前に、existsメソッドでファイルの存在を確認しています。

> **c10_1_10.py**

```
001    from pathlib import Path
002    target = Path('dummy.txt')
003    if target.exists():  ……… 読み込み前にファイルの存在を確認
004        txt = target.read_text(encoding='utf-8')
```

忍者も常にあらゆる事態に備えて策を練っているぞ

文字コードを自動判定する

chardetというサードパーティ製ライブラリによって、テキストファイルの文字コードを自動判定できます。chardetは事前にpipコマンドでインストールします。

```
from pathlib import Path
import chardet  ……… chardetをインポート
rawdata = Path('dummy.txt').read_bytes()  ……… read_bytesで読み込む
print(chardet.detect(rawdata))  …… 判定結果の辞書を表示
# 結果例  {'encoding': 'utf-8', 'confidence': 0.99, 'language': ''}
```

トレースバックをたどる

エラーメッセージの先頭には、「Traceback (most recent call last):」と表示されています。**トレースバック (Traceback)** は「さかのぼる」という意味で、関数やメソッドの呼び出し履歴をさかのぼって表示していることを指します。エラーによっては、原因を突き止めるために、トレースバックを読み解く技術が重要になります。

たとえば、次のプログラムは関数内でテキストファイルを読み込むものですが、5行目の引数encodingの指定が間違っています。

忍者も1週間ほど飲まず食わずで敵を追跡したことがある

> c10_1_11.py

001	from pathlib import Path
002	
003	def readsample():
004	target = Path('sample.txt')
005	return target.read_text(encoding='uff-8') ……誤り
006	
007	txt = readsample()

このプログラムを実行すると、次のようなエラーが表示されます。エラーの内容は最下行に表示されているLookupError（辞書にキーがない時などに発生する検索エラーの一種）ですが、今回はその上にあるトレースバックの部分に注目してください。

```
IDLE Shell 3.9.5                                           —   □   ×
File  Edit  Shell  Debug  Options  Window  Help
Python 3.9.5 (tags/v3.9.5:0a7dcbd, May  3 2021, 17:27:52) [MSC v.1928 64 bit (AM
D64)] on win32
Type "help", "copyright", "credits" or "license()" for more information.
>>>
========== RESTART: C:/Users/ohtsu/Documents/ninja_python/c10_1_11.py ==========
Traceback (most recent call last):
  File "C:/Users/ohtsu/Documents/ninja_python/c10_1_11.py", line 7, in <module>
    txt = readsample()
  File "C:/Users/ohtsu/Documents/ninja_python/c10_1_11.py", line 5, in readsampl
e
    return target.read_text(encoding='uff-8')
  File "C:\Users\ohtsu\AppData\Local\Programs\Python\Python39\lib\pathlib.py", l
ine 1256, in read_text
    with self.open(mode='r', encoding=encoding, errors=errors) as f:
  File "C:\Users\ohtsu\AppData\Local\Programs\Python\Python39\lib\pathlib.py", l
ine 1242, in open
    return io.open(self, mode, buffering, encoding, errors, newline,
LookupError: unknown encoding: uff-8
>>>
```

トレースバック

エラーの内容

トレースバックの最下行がエラーの発生箇所で、そこからさかのぼって一番上に大元の呼び出し箇所が表示されています。日本語に訳して少し読みやすく整理すると、次の図のようになります。

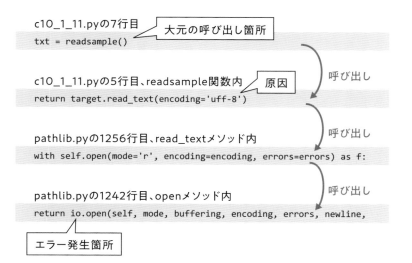

c10_1_11.pyの7行目 ── 大元の呼び出し箇所
```
txt = readsample()
```

呼び出し

c10_1_11.pyの5行目、readsample関数内 ── 原因
```
return target.read_text(encoding='uff-8')
```

呼び出し

pathlib.pyの1256行目、read_textメソッド内
```
with self.open(mode='r', encoding=encoding, errors=errors) as f:
```

呼び出し

pathlib.pyの1242行目、openメソッド内
```
return io.open(self, mode, buffering, encoding, errors, newline,
```

エラー発生箇所

POINT

トレースバックを見ると、pathlibのread_textメソッドは、ioモジュールのopen関数を利用していることがわかります。トレースバックはモジュール同士の関係を知る役にも立ちます。

エラーの発生源はpathlib.pyの1241行目ですが、標準ライブラリの中なので修正できませんし、そもそもエラー原因ではありません。また、大元の呼び出し箇所であるc10_1_11.pyの7行目もエラー原因ではありません。

エラー原因のc10_1_11.pyの5行目にたどり着くには、LookupErrorの説明として表示されている「unknown encoding: uff-8」の部分を見て「uff-8」が誤りだと気づき、それが記述されている場所をトレースバックをたどって探す必要があります。

また、**エラー原因の行がトレースバックに表示されていないこともあり**ます。たとえば、次のように「uff-8」という文字列を変数に入れていた場合、エラー原因は変数定義の部分ですが、そこはトレースバックに表示されません。トレースバックに表示される行が、どんな変数を参照しているかまで調べなければいけないのです。

```
fileenc = 'uff-8'  …ここが原因だがトレースバックには表示されない
……中略……
    return target.read_text(encoding=fileenc)
```

このようにトレースバックを見ても、エラー原因を突き止めるのは簡単とは限らないのですが、手がかりにはなります。エラーが発生してもパニックにならず、落ち着いてトレースバックをたどりながら、原因を探していきましょう。

忍者と同じく、エラーの原因もどこかに潜んでいるのだ

エラー文を見て、その意味を
3択から選べ

エラーメッセージを見て、その意味を表すものに丸を付けてください。

NameError: name 'nam' is not defined

① 「nam」という名前は変数命名のルールに反している
② 「nam」という名前の変数や関数は定義されていない
③ 「nam」という名前の定義は不要である

1

AttributeError: 'int' object has no attribute 'split'

① 属性splitはintオブジェクトを持っていない
② intオブジェクトは属性splitを持っていない
③ intオブジェクトは属性を'分割'している

2

ValueError: invalid literal for int() with base 10: 'a100'

① int関数に対して10進数のint型が指定されていない
② int型は10進数リテラルである
③ int関数に対して10進数で変換できない値が指定されている

3

IndexError: list index out of range

① リストのインデックスが範囲外である
② インデックスは範囲内のリストにしなければならない
③ リストに範囲外のインデントが指定されている

```
TypeError: int() argument must be a string, a bytes-like object
or a number, not 'list'
```

4

① int関数の引数には10進数のint型を渡さなければならない

② int関数の引数は文字列でなければならない

③ int関数の引数にリスト型は使えない

```
TypeError: 'tuple' object does not support item assignment
```

5

① タプルの要素には代入できない

② タプルは要素を代入しなければならない

③ タプルは2つ以上の要素を必要とする

```
FileNotFoundError: [Errno 2] No such file or directory:
'example.txt'
```

6

① 「example.txt」のようなファイルを指定しなければならない

② 「example.txt」はファイルまたはディレクトリではない

③ 「example.txt」のようなファイルまたはディレクトリはない

```
ModuleNotFoundError: No module named 'Pathlib'
```

7

① 「Pathlib」という名前のモジュールはない

② モジュールに「Pathlib」と名付けてはならない

③ 「Pathlib」というモジュール名はすでに使用されている

エラーメッセージを見て、修正指示を書き込め

エラーメッセージを見て、プログラムに修正指示を書き込んでください。

```
001   num = 128
002   print(nam)
```
           └ num

```
Traceback (most recent call last):
  File "…….py", line 2, in <module>
    print(nam)
NameError: name 'nam' is not defined
```

1

```
001   times = '5'
002   answer = 'a' * times
003   print(answer)
```

```
Traceback (most recent call last):
  File "…….py", line 2, in <module>
    answer = 'a' * times
TypeError: can't multiply sequence by non-int of type 'str'
```

2

```
001   from pathlib import Path
002   target = Path('sample.txt')
003   txt = target.read_text(encodding='utf-8')
```

```
Traceback (most recent call last):
  File "…….py", line 3, in <module>
    txt = target.read_text(encodding='utf-8')
TypeError: read_text() got an unexpected keyword argument 'encodding'
```

```
001   numbers = ['120', '48']
002   value = int(numbers[1:])
003   print(value)
```

```
3   Traceback (most recent call last):
      File "…….py", line 2, in <module>
        value = int(numbers[1:])
    TypeError: int() argument must be a string, a bytes-like object or a number, not
    'list'
```

```
001   from pathlib import Path
002   for pass in Path().glob('*.*'):
003       print(pass)
```

```
4   Traceback (most recent call last):
      File "…….py", line 2
        for pass in Path().glob('*.*'):
              ^
    SyntaxError: invalid syntax
```

```
001   letters = '臨兵闘者皆陣列前行'
002   for letter in enumrate(letters):
003       print(letter)
```

```
5   Traceback (most recent call last):
      File "…….py", line 2, in <module>
        for letter in enumrate(letters):
    NameError: name 'enumrate' is not defined
```

Traceback をたどってエラー原因を探せ

発生しているエラーの原因と思われる部分に下線を引いてください。

```
from pathlib import Path

def readsample():
    target = Path('sample.
txt')
    return target.read_
text(encoding='uff-8')

txt = readsample()
```

```
Traceback (most recent call last):
  File "……\c10_1_10.py", line 7, in <module>
    txt = readsample()
  File "……\c10_1_10.py", line 5, in readsample
    return target.read_text(encoding='uff-8')
……中略……
LookupError: unknown encoding: uff-8
```

```
001  from pathlib import Path
002
003
004  def readsample(enc='shif-jis'):
005      target = Path('sample.txt')
006      return target.read_text(encoding=enc)
007
008
009  txt = readsample()
```

```
Traceback (most recent call last):
  File "……\c10_m3_1.py", line 9, in <module>
    txt = readsample()
  File "……\c10_m3_1.py", line 6, in readsample
    return target.read_text(encoding=enc)
  File "……\pathlib.py", line 1255, in read_text
    with self.open(mode='r', encoding=encoding, errors=errors) as f:
  File "……\pathlib.py", line 1241, in open
    return io.open(self, mode, buffering, encoding, errors, newline,
LookupError: unknown encoding: shif-jis
```

1

```
001  from datetime import datetime
002
003
004  def get_time_delta(sdtxt, edtxt):
005      sd = datetime.strptime(sd, '%Y/%m/%d')
006      ed = datetime.strptime(edtxt, '%Y/%m/%d')
007      return ed - sd
008
009
010  schedule = [['2010/01/10', '2010/01/20'],
011              ['2014/02/05', '2014/04/21'],
012              ['2018/02/15', '2018/03/30'],
013              ]
014
015  for sdtxt, edtxt in schedule:
016      td = get_time_delta(sdtxt, edtxt)
017      print(td)
```

```
Traceback (most recent call last):
  File "……/c10_m3_2.py", line 16, in <module>
    td = get_time_delta(sdtxt, edtxt)
  File "……/c10_m3_2.py", line 5, in get_time_delta
    sd = datetime.strptime(sd, '%Y/%m/%d')
UnboundLocalError: local variable 'sd' referenced before assignment
```

10章 ▼ エラーと例外処理

```
001   from datetime import datetime
002
003
004   class TaskRange:
005       def __init__(sdtxt, edtxt):
006           self.sd = datetime.strptime(sdtxt, '%Y/%m/%d')
007           self.ed = datetime.strptime(edtxt, '%Y/%m/%d')
008           self.td = self.ed - self.sd
009
010       def show(self):
011           print(f'{self.sd}〜{self.ed} : *** {self.td}***')
012
013
014   schedule = [TaskRange('2010/01/10', '2010/01/20'),
015               TaskRange('2014/02/05', '2014/04/21'),
016               TaskRange('2018/02/15', '2018/03/30'),
017               ]
018
019   for taskrange in schedule:
020       taskrange.show()
```

```
Traceback (most recent call last):
  File "……\c10_m3_3.py", line 14, in <module>
    schedule = [TaskRange('2010/01/10', '2010/01/20'),
TypeError: __init__() takes 2 positional arguments but 3 were given
```

実行時に発生する例外を処理する

実行時に発生するエラーを「例外」といい、その対処のために try 文が用意されています。

try 文の仕組み

try 文は、例外が発生した時に対応処理を書くための文です。**try** 節に実行したい処理を書き、その途中で例外が発生した場合、**except** 節にジャンプします。except 節に例外の対応処理を記述します。

トラブルに備える心がけ。忍者も見習いたい

» try 文の書式

```
try:
    実行したい処理
except 対応する例外名:
    例外の対応処理
```

次の例は、ユーザーに何かを入力させて、「1÷入力値」という計算処理を行う対話型プログラムです。数字以外を入力した場合、6 行目の int 関数で ValueError が発生します。そこで、try 文を組み込んで、ValueError 発生時に日本語のエラーメッセージを表示します。

» c10_2_1.py

```
001  while True:
002      txt = input('何かを入力(qで終了):')
003      if txt == 'q':
004          break
005      try:
006          value = int(txt)
007          answer = 1 / value
008          print(answer)
009      except ValueError:          ValueErrorに対応
010          print('数字を入力してください')
```

try 文を書かない場合は ValueError が発生するとプログラムが停止しますが、try 文で対応した場合は、except 節の処理を行った後プログラムは継続します。ただし、ValueError 以外のエラーが発生した場合は停止します。

注意

except の後に例外名を書かない場合、その except 節はすべての例外を補足します。try 節の実行中に何が起きても停止しませんが、エラーの原因を絞り込めなくなるという問題があります。

```
何かを入力(qで終了):abc ················· ValueErrorが発生
数字を入力してください
何かを入力(qで終了):12
0.08333333333333333
何かを入力(qで終了):5
0.2
何かを入力(qで終了):0 ················· ZeroDivisionErrorが発生
Traceback (most recent call last):
  File "……/c10_2_1.py", line 7, in <module>
    answer = 1 / value
ZeroDivisionError: division by zero
```

POINT

ここで登場する ValueError や ZeroDivisionError については、この章の SECTION 01 を参照してください。

複数の例外に対処する

　異なる種類の例外に対応したい場合は、さらに except 節を追加します。また、エラーの詳しい情報も必要な場合は、except 節に「as 変数名」を追加すると、変数に例外のインスタンスが入ります。

　次の例は、ZeroDivisionError への対応処理も追加し、さらにエラーの説明も表示するようにしたものです。

≫ **c10_2_2.py**

```
001   while True:
002       txt = input('何かを入力(qで終了):')
003       if txt == 'q':
004           break
005       try:
006           value = int(txt)
007           answer = 1 / value
008           print(answer)
009       except ValueError as err:        変数の説明を取得
010           print('数字を入力してください', err)
011       except ZeroDivisionError as err:  対応処理を追加
012           print('ゼロの割り算です', err)
```

⊙ 実行結果

```
何かを入力(qで終了):abc ················· ValueErrorが発生
数字を入力してください invalid literal for int() with base
10: 'abc'
何かを入力(qで終了):0 ················· ZeroDivisionErrorが発生
```

POINT

エラーの説明を入れる変数名は err 以外でもかまいません。

ゼロの割り算です division by zero
何かを入力(qで終了):

　エラーの説明を表示したことによって、より原因がわかりやすくなりました。
　例外対応を簡単に済ませたい場合は、1つのexcept節で複数の例外に
対応することもできます。次のようにカッコ内に例外名を列挙します。

> **c10_2_3.py**

ていねいな例外対応ではないが、自分で使うものなら許されるかも

```
001  while True:
002      txt = input('何かを入力(qで終了):')
003      if txt == 'q':
004          break
005      try:
006          value = int(txt)
007          answer = 1 / value
008          print(answer)
009      except (ValueError, ZeroDivisionError) as err:
010          print('エラー発生', err)
```

> **実行結果**

```
何かを入力(qで終了):abc ················ ValueErrorが発生
エラー発生 invalid literal for int() with base 10: 'abc'
何かを入力(qで終了):0················ ZeroDivisionErrorが発生
エラー発生 division by zero
何かを入力(qで終了):
```

else節とfinally節

　except節の後にelse節やfinally節を加えることができます。else節の処理は例外が発生しなかった時に
実行されるため、正常時の後始末を書くために使用します。finally節の処理は例外が発生したかどうかにか
かわらず、常に最後に実行されます。

・**try文の書式**

```
try:
    実行したい処理
except 対応する例外名:
    例外の対応処理
else:
    正常時の後始末処理
finally:
    常に実行する後始末処理
```

行の処理順を書け③

次の例外を含むプログラムを見て、行の処理順を書き込んでください。

```
①  txt = 'abc'
②  try:
③      value = int(txt)
        answer = 1 / value
④  except ValueError:
⑤      print('エラー発生')
```

1

```
txt = '12'
try:
    value = int(txt)
    answer = 1 / value
except ValueError:
    print('エラー発生')
```

2

```
txt = 'abc'
try:
    value = int(txt)
    answer = 1 / value
except ZeroDivisionError:
    print('エラー発生')
```

```
3
txt = '0'
try:
    value = int(txt)
    answer = 1 / value
except ZeroDivisionError:
    print('エラー発生')
```

```
4
txt = 'abc'
try:
    value = int(txt)
    answer = 1 / value
except ZeroDivisionError:
    print('エラー発生')
```

```
5
txt = '0'
answer = 0
try:
    value = int(txt)
    answer = 1 / value
except ZeroDivisionError:
    print('エラー発生')
finally:
    print(answer)


print('処理終了')
```

ミッションの
解答・解説

式を見て演算子の処理順を示せ①

1
$$1 \overset{②}{+} 2 \overset{①}{*} 3$$

2
$$(1 \overset{①}{+} 2) \overset{②}{*} 3 \overset{③}{*} 4$$

3
$$1 \overset{①}{*} 2 \overset{②}{*} 3$$

4
$$1 \overset{③}{+} (2 \overset{①}{*} 3) \overset{②}{*} 4$$

5
$$1 \overset{①}{+} 2 \overset{②}{-} 3$$

6
$$1 \overset{③}{+} (2 \overset{①}{+} 3) \overset{②}{*} 4$$

7
$$1 \overset{①}{/} 2 \overset{③}{+} 3 \overset{②}{*} 4$$

8
$$1 \overset{③}{+} 2 \overset{①}{*} 3 \overset{②}{*} 4 \overset{④}{+} 5$$

9
$$1 \overset{①}{/} 2 \overset{②}{*} 3 \overset{③}{*} 4 \overset{⑤}{+} 5 \overset{④}{*} 6 \overset{⑥}{-} 7$$

10
$$1 \overset{②}{*} 2 \overset{⑤}{-} 3 \overset{③}{*} (4 \overset{①}{+} 5) \overset{④}{*} 6 \overset{⑥}{-} 7$$

カッコ内の計算を優先して処理すること、掛け算・割り算の演算子は足し算・引き算の演算子よりも優先して処理することが原則です。

式を見て計算結果を示せ

1
```
1 + (2 * 3) * 4
        6
        24
     25
```

2
```
1 / 2 + 3 * 4
 0.5     12
    12.5
```

3
```
1 / 2 * 3 + 4 + 5 * 6 - 7
 0.5            30
   1.5
      5.5
          35.5
             28.5
```

4
```
1 * 2 - 3 * (4 + 5) * 2 - 7
 2          9
         27
            54
        -52
          -59
```

5
```
1 + (2 * 3) * (4 + 5) * 2
      6        9
          54
             108
        109
```

6
```
(1 + 2) - 3 * (4 - 5) * 6
  3              -1
              -3
                -18
           21
```

カッコ内の計算を先に行うことと、負数の計算に注意してください。

プログラムを見て変数に印を付けろ

1
```
text = 'Hello'
print(text)
```

2
```
year = 2019
wareki = year - 2018
print(year)
print(wareki)
```

3
```
price = 1000
quantity = 10
sales = price * quantity
print(sales)
```

4
```
sales = 9980
payment = 10000
change = payment - sales
print(payment)
print(change)
```

大まかな目安として、カッコが付いていれば関数名、付いてなければ変数名です。

適切な変数名を選択せよ

1
②

日本語の変数名も使用できますが、推奨はできません (P.39)。

2
③

①は数字から始まっているのでエラーになります。②は大文字なので定数を意味します (P.39)。

3
③

①④はキャメルケース (単語先頭が大文字) になっていて変数名としては不適切です。②はアンダースコア以外の記号が含まれているのでエラーになります (P.40-41)。

4
①

②は予約語、③は不適切な記号が含まれており、④は大文字です (P.40)。

累算代入文の結果を示せ

1
1

初期値の0に1を足すので結果は1になります。

2
5

初期値の10から5を引くので結果は5になります。

3
2

初期値の10を5で割るので結果は2になります。

4
20

累算代入演算子は優先順位が低いため、5*2の計算が先に処理されてから、それが変数numに足されて結果は20になります。

5

山川

累算代入演算子 += は文字列の連結にも使えます。

6

900

1、2行目で price には 1000 が、discount には 100 が代入されているので、3行目では 1000 - 100 の結果が price に代入されます。

mission 2-06 　型を変換するべき変数を選べ

1
```
# 数値と文字列を連結
num = 10
text = num + '個'
```

2
```
# 数値と文字列を連結
text = '10'
num = text + 20
```

3
```
# 数値と文字列を連結
price = 1500
text = '価格'
text += price + '円'
```

4
```
 価格と税の合計を
# 文字列と連結
price = 1500
tax = 150
price += tax
print(price + '円')
```

5
```
# 価格と割引率から割引後の価格を計算する
price = 1080
discount_rate_text = '2'
price -= price * discount_rate_text / 10
print(price)
```

計算を行いたい場合は int 関数で文字列を数値に変換し、文字列として連結したい場合は str 関数で数値を文字列に変換する必要があります。

mission 2-07 　エラーの原因を選べ

1
③
エラーメッセージは、「演算子 - は str と int との計算を行うことができない」という内容です。2行目で変数 year_text を int 型に変換する必要があります。

2
③
エラーメッセージは、「演算子 + は int と str との計算を行うことができない」という内容です。4行目で変数 price を str 型に変換する必要があります。

3

① 「文法エラー」を意味するエラーメッセージが表示されています。1行目で変数classを作成しようとしていますが、classはクラス定義に使う予約語であり、class文の構文に反しているため文法エラーになります。

4

① 「文法エラー」を意味するエラーメッセージが表示されています。1、2行目でそれぞれ1price、2priceという変数を作成しようとしていますが、数字から始まる名前の変数は作成できません。

5

③ エラーメッセージは、「演算子＋はintとstrとの計算を行うことができない」という内容です。5行目で累算代入演算子＋＝で文字列の結合を行おうとしていますが、変数priceをstr型に変換する必要があります。

mission 3-01　プログラムを見て関数・メソッドに印を付けろ

1
```
print('ninja'.count('n'))
```

2
```
text = input()
print('length: ' + str(len(text)))
```

3
```
text = input('Input something: ')
print(text + ' was input')
```

4
```
text = input()
lower_text = text.lower()
print(lower_text.replace('i', 'a').find('a'))
```

mission2-03とは逆に、直後にカッコで引数を受け取っているものが関数・メソッドと考えるとよいでしょう。

mission 3-02　式を見て処理順を示せ②

1
```
'出力結果: ' + text.lower()
```
②　　　　①

2
```
lyrics.find('リンダ' * 3)
```
②　　　　　　①

3 　'株式会社libroworks'.count('r', len('株式会社'))
　　　　　　　　　　　　　　　　　②　　　　①

4 　print('計算結果: ' + str(price + tax))
　　　④　　　　　　　　　③　②　　　①

5 　print('Tは' + str(text.upper().find('T')) + '文字目')
　　　⑥　　　　④　③　　　②　　　①　　②　　　⑤

カッコがあればその中の処理を優先します。また、演算子による計算より、関数・メソッドのほうが優先されます。設問番号3で使われているcountメソッドは、1つ目の引数に出現回数を数えたい文字列を、2つ目の引数に回数を数えはじめる位置を指定するメソッドです。ここでは、文字列'libroworks'に'r'が何回登場するかを数えています。

mission 3-03　式を見て処理順を示せ③

1 　not True and True
　　　①　　　　　②

2 　True or not False and True
　　　　　③　①　　　　②

3 　(True or not False) and True
　　　　②　　①　　　　③

4 　12 < a + i and a + i < 20
　　　③　①　　⑤　②　④

5 　text != password or text == ''
　　　①　　　　　　③　　　②

6 　text != '山' or text != '川' or text == ''
　　　①　　④　　②　　⑤　　③

7 　not a < 16 or not 65 < a and a < i + 99
　　⑤　②　⑧　⑥　③　⑦　④　①

大まかには、数値計算の演算子→比較演算子→論理演算子の順番で優先されます。論理演算子の中ではnot→and→orの順番で優先順位があることを覚えておきましょう。式があまりにわかりにくくなる場合はカッコで優先順位を明示するか、結果をいったん変数に入れるなどの対応が望ましいです。

mission 3-04　出力結果はTrueかFalseか

1 　**True**
「100 >= 100」は「100は100以上か」という意味であり、結果はTrueになります。

2 　**True**
「100 < 100」の結果はFalseとなり、論理演算子notで反転されてTrueになります。

3	**False**
	変数textの値と文字列 'password' は等しいので、比較演算子 != (P.65) の結果は False になります。

4	**True**
	2行目で、変数ageには数値21が入っており、右辺の20より大きいので、Trueを返します。

5	**False**
	論理演算子andは右辺と左辺のどちらかがFalseであればFalseを返します（P.66）。

6	**True**
	論理演算子orは右辺と左辺のどちらかがTrueであればTrueを返します（P.66）。

7	**False**
	論理演算子notがandより優先されて「not True」の結果は False になるため、「False and True」の結果が答えとなります（P.66、P.68）。

8	**True**
	論理演算子andがorより優先されて「False and True」の結果は False となるため、「Ture or False」の結果が答えとなります（P.66、P.68）。

9	**True**
	2行目は変数textの値が'山'または'川'であればTrueを返します。変数textには1行目で'山'が代入されているのでTrueになります。

10	**False**
	論理演算子についてもカッコの中の演算が優先されます。「True or False」の結果はTrueなので、「True and True」の結果が変数flgに代入されます。

11	**False**
	2行目は、変数ageの値が18より小さい、または65より大きい場合に Trueを返します。数値65は、65より大きいという条件に当てはまりません。

12	**True**
	変数textの文字列をupperメソッドで大文字に変換し、さらにreplaceメソッドで'I' を 'A' に置換するため'NANJA'になります。等しいので結果は True です。

13	**False**
	1行目で複数同時の代入を行って、2行目でそれらを比較しています。つまり「70 > 72」となるので、結果は False です。

14	**True**
	2行目で、変数bmiが18.5以上かつ25未満であるかを判定していますが、数値21.5はこの条件に当てはまります。

mission 3-05　フローチャートを書け

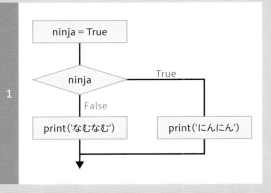

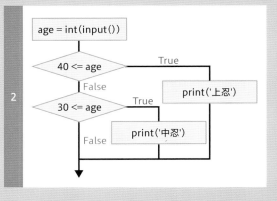

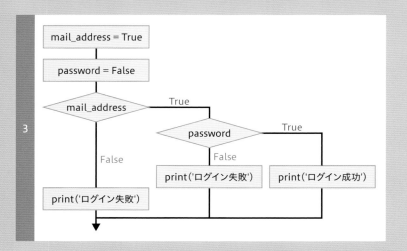

条件分岐のひし形から矢印を書く時、ここではTrueの場合の矢印を右に伸ばしていますが、方向については特に決まりがありません。

mission 4-01

出力結果を書け①

1
梅

リスト grade のインデックス [2] は「梅」なので、結果は梅です。

2
['下忍', '中忍', '上忍']

2行目の insert メソッドでインデックス [1] に値'中忍'を挿入しています。

3
['大島', '前田', '篠田']

2行目の複数同時の代入で、インデックス [0] と [1] の値を入れ替えています。

mission 4-02

スライスの結果を書け

1
['e', 'f', 'g']

start のみを指定しているので、インデックス [4] から末尾の要素までを取り出します。

2
['c', 'd', 'e']

start に 2、end に 5 を指定しているので、インデックス [2]～[4] の値を取り出します。

3
['a', 'b']

end に -5 を指定しています。この場合、末尾から 5 文字目の'c'までではなく、1つ手前の'b'までを取り出します。

4
['c', 'd', 'e']

インデックス [2] の'c'から、末尾から 3 文字目の'e'までを取り出します。

5
['a', 'c']

step に 2 を指定しているので、2つおきに要素を取り出します。

6
['b', 'e']

start に 1、step に 3 を指定しているので、インデックス [1] の'b'から3つおきに要素を取り出します。

['c', 'b', 'a']

stepに負の数を指定しているので、順番を逆転させて要素を取り出します。

['e', 'd', 'c']

stepに負の数を指定したので、endの値に1を足したインデックスの要素を最後に取り出します。

mission 4-03 スライスを書け

1

3:(-4:なども可)

末尾の要素までを取り出すので、endは指定しなくてもかまいません。

2

:3(:-4なども可)

endに指定した値の1つ前の要素までが取り出されることに注意してください（P.88）。

3

2:4(-5:-3なども可)

4

4:6(-3:-1なども可)

5

::2(0::2なども可)

6

1::3(-6::3なども可)

7

3::-1(-4::-1なども可)

要素が逆順に取り出されているので、stepには負の数を指定します。

8

5:3:-1(-2:-4:-1なども可)

要素が逆に並んでいるのでstepは負の数です。endに指定する値は最後に取り出される'e'のインデックスから1を引いた値になります。

mission 4-04 出力結果を書け②

1

yama

リストtextsのインデックス[2]の'fujiyama'から[4]文字以降を取り出すので、'yama'になります。

2

SAMURAI

リストtextsのインデックス[1]の「samurai」をupperメソッドで大文字化します。

3

False

リストfirst_namesに文字列'半蔵'は含まれないので、2行目の結果はFalseになります。

4

5

リストbirth_yearsの最大値1977から最小値1972を引いた値を出力します。

5

1973

sortメソッドによって昇順に並べると、インデックス[2]の要素は1973になります。

6

1

indexメソッドは引数の値のインデックスを返します。1973の並べ替え前のインデックスは[3]、並べ替え後は[2]なので、引いた結果は1になります。

7 **6**

extendメソッドを使うと、リストの末尾に別のリストを連結します。そのため、連結後のリストの要素数は6になります。

8 **4**

appendメソッドは、リストbirdsを丸ごと1つの要素としてリストanimalsの末尾に追加します。そのため、要素数は1増えるだけです。

mission
5-01 出力結果を書け③

1
```
92 点です
88 点です
84 点です
```
リストpoint_listの要素に対して、順番に「点です」を加えて表示します。

2
```
92 点です
88 点です
```
for文の中で行っている処理は前の問題と変わりませんが、if文によって85以上の数値にのみ処理を行います。

3
```
1 回目の点数は 92 点です
2 回目の点数は 88 点です
3 回目の点数は 84 点です
```
2行目で、enumerate関数（P.102-103）の2つの戻り値が変数count、pointに代入されます。startに1が指定されているため、countの初期値は1になる点に注意してください。

4
```
Pizza
Pizza
Pizza
Pizza
Pizza
Pizza
Pizza
Pizza
Pizza
Pizza
```
range関数（P.102）によって、0から9までの整数が作られ、for文内の処理が合計10回繰り返されます。

5
```
3
2
1
Liftoff
```
range関数のstartに3、endに0、stepに-1が指定されているので、3から1までの整数が作り出されます。

6
```
Samuel Johnson
Samuel Jackson
Michael Johnson
Michael Jackson
```
入れ子になったfor文のうち、外側のfor文はリストgiven_namesを対象に、内側のfor文はリストfamily_namesを対象にしているため、それらの組み合わせが表示されます。

出力結果を書け④

1

[10, 20, 30, 40, 50]

1行目のrange関数で、10から50までの整数を10個おきにとりだしたリストが作成されます。

2

[3, 6, 9, 12, 15, 18]

range関数で1から19までの整数が作られますが、if句によって3で割った余りが0になる（3の倍数になる）数だけがリストにまとめられます。

3

['UltraMan', 'UltraSoul', 'UltraQuiz']

リスト内包表記（P.108-109）の式の部分に、文字列を連結する式が書かれているので、文字列'Ultra'とリストwordsの要素を連結しています。

4

[91, 80]

2行目のリスト内包表記で、if句によってリストpoint_listから値が80以上の要素だけが取り出されたリストが作成されます。

5

[1000, 1200]

リストwish_listには、リスト内包表記のif句によって1.1を掛けて1500を超えない要素だけがまとめられます。

6

['Ms. Larson', 'Ms. Olsen']

2行目のif句では、変数guestに文字列'Ms.'が含まれるかどうかを判定しています。

7

[['Okamura', 'Yabe'], ['Arino', 'Hamaguchi']]

リストmember_listはリストをまとめたリストですが、4行目のif句ではlen関数によって要素数が2であるかを判定しています。

どの構文を使うのが最適かを選べ

1

②

回数が決まっている繰り返しは、for文とrange関数の組み合わせで行うのが適しています（P.102）。

2

③

回数があらかじめ決まっていない繰り返しは、while文が適しています（P.112）。

3

①

要素を1つずつ取り出して処理を行う繰り返しは、for文とリストの組み合わせで行うのに適しています（P.101）。

出力結果を書け⑤

1
```
13
16
19
```
繰り返しの中で累算代入演算子 += (P.45) によって totalの値が3ずつ増え、21より大きくなったら繰り返しを終了します。

2
```
2
4
8
16
32
```
繰り返しのたび2を掛けて表示し、50を超えたら終了します。

出力結果を書け⑥

1
```
マトンカレーに手裏剣を投げた
マトリョーシカに手裏剣を投げた
```
2行目、3行目のif文は、変数targetに文字列'マト'が含まれていなければ何もせずに次の繰り返しに移ります。

2
```
カバンの中
つくえの中
探したけれど見つからない
```
3行目のif文の条件が満たされることはないため4行目のbreak文も実行されず、単にリストplacesの要素が表示されたあと、7行目のelse節が実行されます (P.119)。

3
```
B…
R…
O…
T!
```
文字列を1文字ずつ取り出して大文字化し、'T'が出現したらbreak文で繰り返しを終了します (P.119)。'brothers'はインデックス[3]がtなので、そこまで表示したら終了します。

出力結果を書け⑦

1
```
92点です
```
f-string (P.124) 内で、リストpoint_listのインデックス[0]の値が使われています。

2
```
92点です
88点です
84点です
```
for文の中で、リストpoint_listの要素が1つずつf-stringに使用されます。

3

```
A TURTLE lives 10000 years.
```

f-string内で、str型のupperメソッドの結果が使われています。

4

```
['UltraMan', 'UltraSoul', 'UltraQuiz']
```

リスト内包表記の式の部分に、f-stringが使われています。

5

```
You say 'stop',
and I say 'go, go, go'
```

ダブルクォートで囲んだ文字列の中では、シングルクォートは通常の文字列として扱われます。エスケープシーケンスを使った改行文字にも注意してください（P.125-126）。

6

```
\Users\ninja\Documents\memo.text
```

1行目はraw文字列なのでバックスラッシュはそのまま文字として扱われます。3行目はf-stringなのでバックスラッシュはエスケープシーケンスとして扱われるため、\\は1つのバックスラッシュを表します（P.125-126）。

7

```
お師匠様
お世話になっております。
忍者です。
```

三連引用符の中で改行を行うと、そのまま改行文字として扱われます（P.127）。

mission 6-02　出力結果を書け⑧

1

```
50年に一度の出来
```

2009というキーを指定しているため、その値の'50年に一度の出来'が表示されます。

2

```
ツッコミ
```

6行目のupdateメソッドによって、辞書bandと辞書comedianが結合されますが、両方に存在するキー'Ringo'の値は重複するため、引数に指定したcomedianのものだけが残ります（P.132）。

3

```
Red
Blue
Black
```

辞書をfor文の対象にすると、キーのみが取り出されます。

4

```
avocado is butter of the
forrests.
oyster is milk of the sea.
soy is meat of the fields.
```

itemsメソッドがキーと値のペアを返すので、それを変数foodとdescriptionに代入し、f-stringを使って表示します。

出力結果を書け⑨

1

{'George', 'Andrew'}

演算子 | は和集合を求めるため、2つの集合の和が表示されます。ただし、重複する George は1つだけになります（P.137）。

2

{'Jackie', 'Tito', 'Marlon', 'Michael'}

演算子 & は積集合を求めるため、2つの集合の両方に含まれる要素だけが残ります（P.138）。

3

set()

集合 koushin から集合 koushinetsu を引いた差集合を求めているので、空集合になります。空集合は set() と表示されます（P.139）。

4

I like Monaka.
I like Sakuramochi.

辞書 wagashi は値が集合になっており、if文でチェックして集合に 'Anko' が含まれていたらそのキーの文字列を表示します。

5

He cannot eat Monaka.
He can eat Sakuramochi.
He cannot eat Castella.

7行目のif文は、積集合を利用して集合に 'Flour'（小麦粉）と 'Egg'（卵）のどちらかが含まれているかチェックしています。どちらかが含まれている場合、積集合の結果は {'Flour'} か {'Egg'} になり、どちらも含まれていない場合は空集合になります。その結果、'Monaka' と 'Castella' は cannot eat（食べられない）、'Sakuramochi' は can eat（食べられる）と表示されます。

行の処理順を書け①

1

```
② def reverse_spelling(word):
③     print(word[::-1])

① reverse_spelling('GOD')
```

2

```
③ def add_tax(amount, tax_rate):
④     return amount * (1.0 + (tax_rate / 100))

① price = 1100
② print(f'税込価格{add_tax(price, 10)}円')
```

```
⑤② def course_menu(appetizer, entree, dessert):
⑥③     print(f'前菜:{appetizer} 主菜:{entree} 甘味:{dessert}')

① course_menu('サラダ', 'ムニエル', 'プリン')
④ course_menu('スープ', '蒸し鶏', 'ごま団子')
```

```
⑧④ def create_bill(name, amount):
⑨⑤     return f'{name}様　請求額:{amount}円'

① customer_dict = {'磯野': 2000, '波野': 1500}
⑥② for customer, bill in customer_dict.items():
⑦③     print(create_bill(customer, bill))
```

```
④ def calculate_triangle(base, height):
⑤     return base * height /2

② def output_triangle(base, height):
③     area = calculate_triangle(base, height)
⑥     print(f'底辺{base}cm、高さ{height}cmの三角形は{area}cm²')


① output_triangle(5, 10)
```

関数の中の処理は、関数が呼び出されて初めて実行されること注意してください。

mission
7-02　適切な仮引数を選択せよ

③
------
calcurate_circle関数は呼び出し時に2つの引数を渡されていますが、選択肢の中で引数を2つ受け取るのは③だけです。

③
------
pack_things関数は3つの位置引数を渡されており、3つ以上の引数を受け取れるのは可変長引数を含む②と③です。ただし、②は引数requiredをキーワード引数で渡す必要があるため、正解は③です。③では1つ目の引数がrequiredに、2つ目以降の引数がargsに渡されます。

エラーにならない呼び出し方を答えよ

1 ②

calurate_circle 関数は1つの引数しか受け取れないので、②が正解です。

2 ③

add_tax 関数は引数を2つ受け取る関数なので、値を2つ渡している③が正解です。

3 ③

multiply_all 関数は複数の値を受け取ってタプルにしますが、①、②はリストを1つ渡しています。引数をリストの形式で渡していると、関数内の total *= number の処理でエラーが発生します。
エラーが発生しない呼び出し方は、リストの要素をアンパックして1つずつ渡す③です。

不適切なインデントを直せ

1
```
001   class Cat:
002 →|scientific_name = 'フェリス・シルヴェストリス・カトゥス'
003
004
005   print(Cat.scientific_name)
```

2
```
001   class Car:
002       def __init__(self, color):
003    →|self.color = color
004
005
006   car = Car('blue')
```

3
```
001   class Paper:
002       def __init__(self, size):
003           self.size = size
004
005
006    ←|paper1 = Paper('A4')
```

```
001  class User:
002      def __init__(self, anonymous, name):
003          if anonymous:
004              self.user_name = '匿名ユーザー'
005          else:
006      →|self.user_name = name
007
008
009  user1 = User(True, 'T.Yamada')
010  user2 = User(False, 'S.Inoue')
```

4

```
001  class Book:
002      def __init__(self, title, author):
003          self.title = title
004          self.author = author
005
006→|def on_sale(self):
007      →|print(f'『{self.title}』{self.author}·著 発売中')
008
009
010  book1 = Book('源氏物語', '紫式部')
011  book1.on_sale()
```

5

クラス定義、関数定義、if文など、コロンで終わっている行の次の行はインデントを下げる必要があります。

mission 8-02　行の処理順を書け②

```
   class Paper:
②      def __init__(self, size):
③          self.size = size


① paper1 = Paper('A4')
```

1

2

```
     class Car:
⑤②      def __init__(self, color):
⑥③          self.color = color


①  taxi = Car('black')
④  ambulance = Car('white')
```

3

```
     class User:
⑥②      def __init__(self, anonymous, name):
⑦③          if anonymous:
④              self.user_name = '匿名ユーザー'
⑧          else:
⑨              self.user_name = name


①  user1 = User(True, 'T.Yamada')
⑤  user2 = User(False, 'S.Inoue')
```

4

```
     class Book:
⑥②      def __init__(self, title, author):
⑦③          self.title = title
⑧④          self.author = author

⑬⑩      def on_sale(self):
⑭⑪          print(f'『{self.title}』{self.author}・著 発売中')


①  book1 = Book('源氏物語', '紫式部')
⑤  book2 = Book('枕草子', '清少納言')
⑨  book1.on_sale()
⑫  book2.on_sale()
```

```
       class Geometry:
  ②     def __init__(self, line_length):
  ③         self.line_length = line_length

  ⑧     def square_area(self):
  ⑨         return self.line_length ** 2

  ⑤     def circle_area(self):
  ⑥         return self.line_length ** 2 * 3.14


  ① geo = Geometry(10)
  ④ circle1 = geo.circle_area()
  ⑦ square1 = geo.square_area()
```

```
       class Biology:
  ①     category = '動物'

  ③     def __init__(self, species, vocal):
  ④         self.species = species
  ⑤         self.vocal = vocal

  ⑦     def roar(self):
  ⑧         print(f'{self.category}である'
                 f'{self.species}は'
                 f'{self.vocal}と鳴く')


  ② dog = Biology('犬', 'ワン')
  ⑥ dog.roar()
```

__init__メソッドはクラスからインスタンスを生成するたびに実行されます。

変数の種類を答えよ

1

A: pi ·············· ①
B: area ············ ②

Aの行で、変数piは関数の中で定義されたローカル変数です。Bの行ではプログラムのメイン部分で定義された変数areaを使用しています。

2

A: pi ·············· ②
B: pi ·············· ②

Aの行では、直前の行で変数piはグローバル変数であると宣言しているので、グローバル変数が正解です。Bの行はプログラムのメイン部分なので、ここで定義されている変数piはグローバル変数です。

3

A: dog.species ··················· ①
A: dog.category ············· ②

speciesは__init__メソッド（P.164）内で定義されているのでインスタンス変数、categoryはクラス定義の1つ下のインデントで定義されているのでクラス変数です。

ドキュメントの説明文の意味を選べ

1

②

「ある二項算術演算子の被演算子の数値型が互いに異なるとき、"より狭い方"の型の被演算子はもう片方の型に合わせて広げられます。」という文章から、②が正解です。
①は、より狭い方の型であるint型がfloat型に合わせて広げられるので誤り。
③は、より狭い型である1が1.0に合わせて広げられて比較されTrueとなるので誤り。

2

②

「等しいとされるためには、すべての要素が等しく、両シーケンスの型も長さも等しくなければなりません。」という文章から、要素の順番が違うリストの比較結果はFalseになるので②が正解です。
引用文中の「辞書式順序」はPythonの辞書のことではないので①は誤り。
③は、型が違うシーケンスを比較するとFalseになるので誤り。

3

③

「文字列がprefixで始まる場合、string[len(prefix):]を返します。」という文章から、このメソッドは引数として受け取ったprefixをstartに指定して文字列のスライスを返すメソッドだとわかります。よって③が正解。
①は、文字列が常にprefixで始まることはありえないので誤り。
②は、removeprefixメソッドはlen(prefix)を返すメソッドではないので誤り。

4

③

「タプルはイミュータブルなシーケンスで……」という文章から、③が正解。
①に出てくる「2-タプル」とは、単に要素2のタプルのことなので、①は誤り。
同種のデータだけからなるタプルも作成できるので、②は誤り。

③

5

「オブジェクトが print() 関数で印字されるとき、文字列に変換する関数が暗黙に使われます。」という文章から、③が正解です。

①は、「ほぼ全てのオブジェクトは、等価比較でき、真理値を判定でき」という文章から誤り。

②は、「repr() 関数や、わずかに異なる str() 関数によって」という文章から str 関数以外にも文字列に変換する手段はあるので誤り。

②

6

「1 ミリ秒は 1000 マイクロ秒に変換されます。」という文章から②が正解です。

「days, seconds, microseconds だけが内部的に保持されます。」とありますが、これは他の引数を指定すると days、seconds、microseconds の値に変換して保持されるという意味であり、「無視される」という意味ではないので①は誤り。

③は、分単位の値は seconds の値として保持され、マイクロ秒への変換は行われないので誤り。

---

mission 9-02　指定した日時を表すオブジェクトを作成しろ

1

2001, 1, 1, 12

21世紀最初の年は 2001 年であることに注意してください。

2

1

time クラスは、1つ目の引数を時刻として扱います。

3

500000

1 ミリ秒は 1000 マイクロセカンドであることに注意してください。

4

2019, 5, 1

date クラスは年、月、日の順番で引数を指定します。

---

mission 9-03　日付時刻の計算式を見て結果を書け

1

2400

1 行目では 10 分を 4 倍しているので 40 分を seconds に直した 2400 が正解です。

2

3

12 時間を 6 倍すると 72 時間なので、これを日数に直します。

3

2021, 4, 20

2021 年 4 月 15 日から 5 日経過した日付が正解です。

4

3900

1 時間と 5 分を秒数に直して足した数値が正解です。1 時間は 3600 秒であることを覚えておくと便利な場面が多くあります。

出力結果を書け⑩

1
```
test/sample.txt
```
Path クラスは / を使って文字列と連結することができます（P.194）。

2
```
test
```
parent プロパティは親の階層を取得します。sample.txt の親は test フォルダです（P.195）。

3
```
sample
```
stem プロパティ（P.195）は拡張子を除いたファイルの名前を取得します。

4
```
sample.txt
```
name プロパティはパス末尾のファイル名を取得します（P.195）。

5
```
.txt
```
suffix プロパティ（P.195）はファイルの拡張子を取得します。

glob メソッドのパターンを考えろ

1
```
test.*（test*でも可）
```
2つのファイル名に共通する先頭の「test」とワイルドカード（P.196）を使って指定します。

2
```
*am*
```
amoeba.png と sample.txt の共通点は 'am' を含むことなので、「*am*」というパターンになります。

3
```
*.*
```
一般に、「*.*」と書くとフォルダを除くすべてのファイルを検索対象にできます。

4
```
log/*.txt（log/dat*.txtでも可）
```
2つのファイルは log フォルダに配置されていることと拡張子が txt であるという条件で絞り込むことができます。

pip コマンドの正しい記述を選べ

1
①
インストール済みのパッケージのバージョンを確かめるには、インストール済みパッケージの一覧を表示して確認します（P.201）。

2
②
特定のバージョンを指定してインストールするには == を使用します（P.200）。

3
②
アップデートのためのコマンドは「pip install -U（パッケージ名）」が正解です（P.200）。

1

②

オブジェクト、属性（attributes）という言葉の関係から②が正解です。
①は、オブジェクトと属性という言葉の関係が逆になっているので誤り。
③は、属性の名前である'split'を動詞として捉えているので誤り。

2

③

メッセージは、末尾の'a100'を10進数で変換できないことを表しているので、③が正解。
①は、メッセージ中の「invalid literal for int()」という記述からint型が指定されていないことがエラーの原因でないことがわかるので誤り。
②は、メッセージ中にint型に関する記述はないので誤り。

3

①

メッセージの内容は①を表しています。
②は、インデックスとリストという言葉の関係が逆になっているので誤り。
③は、メッセージ中にインデントに関する記述はないので誤り。

4

③

メッセージ全文は「int関数の引数は文字列、バイトで表現できるオブジェクト、または数値でなくてはならず、リストではならない」という内容なので③が正解です。
①②は「なければならない」と限定していますが、エラーメッセージにあるとおり「文字列、バイトで表現できるオブジェクト、数値」の3種類が渡せるので誤りです。

5

①

メッセージの内容は①を表しています。
②は、空のタプルを作ることができるので誤り。
③は、要素が1つしかないタプルを作ることができるので誤り。

6

③

FileNotFoudErrorは、ファイルまたはディレクトリが見つからないことを表すエラーなので③が正解です。

7

①

ModuleNotFoudErrorは、モジュールが定義されておらず見つからないことを表すエラーなので、①が正解です。

mission
10-02　エラーメッセージを見て、プログラムに修正指示を書き込め

1

```
001  times = '5'    5
```

エラーメッセージは「int型ではなくstr型を使ってシーケンスを乗算（掛け算）することはできない」という内容です。
1行目の代入文で変数timesにint型の値を代入することで解決できます。

2

```
003   txt = target.read_text(encodding='utf-8')
```
　encoding

エラーメッセージは「予期しないキーワード引数 encodding を受け取った」という内容です。3行目の read_text メソッドの呼び出し部分で、キーワード引数 encoding を正しいつづりで指定することで解決できます。

3

```
002   value = int(numbers[1:])
```
　[1]

エラーメッセージは「int 関数の引数は文字列、バイトで表現できるオブジェクト、または数値でなくてはならず、リストではならない」という内容です。スライスの結果はリストになるため、リストのインデックスを指定して文字列を渡すように修正すれば解決します。

4

```
002   for pass in Path().glob('*.*'):
003       print(pass)
```
　path

エラーメッセージは文法エラーを指摘しています。2行目で変数 pass を定義していますが、pass は予約語なので変数名として使うことはできません。変数名を変えることで解決できます。

5

```
001   letters = '臨兵闘者皆陣列前行'
002   for letter in enumrate(letters):
003       print(letter)
```
　enumerate

エラーメッセージは「enumrate という名前は定義されていません」という内容です。2行目で enumerate 関数を呼び出そうとしていますが、これを正しい綴りに修正すると解決できます。

---

mission
10-03　Tracebackをたどってエラー原因を探せ

1

```
004   def readsample(enc='shif-jis'):
```

最終行のエラーメッセージで「不明なエンコード：shif-jis」という内容が表示されているので、この文字を正しいエンコード指定に書き換えればよいことがわかります。
shif-jis という文字列は readsample 関数のデフォルト引数として指定されているので、この部分がエラーの原因です。
shift-jis に修正します。

2

```
005       sd = datetime.strptime(sd, '%Y/%m/%d')
```

最終行のエラーメッセージで「'sd' は代入の前に参照されています」という内容が表示されています。get_time_delta 関数の最初の行でローカル変数 sd を定義していますが、この代入文の右辺にも strptime 関数の引数として sd が登場しているのがエラーの原因です。
5、6行目の strptime 関数は日付文字列を datetime に変換するものなので、引数 sd は sdtext に修正します。

3

```
005       def __init__(sdtxt, edtxt):
```

最終行のエラーメッセージで「__init__ メソッドは2つの引数を受け取りますが、3つが渡されました」という内容が表示されています。
8章で学んだように、クラスに定義するメソッドは、必ず第1引数としてインスタンス自体を受け取りますが、__init__ メソッドの定義部分でそれを想定していないことがエラーの原因です。第1引数 self を追加しましょう。

行の処理順を示せ③

```
1  ①    txt = '12'
   ②    try:
   ③        value = int(txt)
   ④        answer = 1 / value
        except ValueError:
            print('エラー発生')
```

```
2  ①    txt = 'abc'
   ②    try:
   ③        value = int(txt)
            answer = 1 / value
        except ZeroDivisionError:
            print('エラー発生')
```

```
3  ①    txt = '0'
   ②    try:
   ③        value = int(txt)
   ④        answer = 1 / value
   ⑤    except ZeroDivisionError:
   ⑥        print('エラー発生')
```

```
4  ①    txt = '0'
   ②    try:
   ③        value = int(txt)
   ④        answer = 1 / value
        except ValueError:
            print('エラー発生')
```

```
5  ①    txt = '0'
   ②    answer = 0
   ③    try:
   ④        value = int(txt)
   ⑤        answer = 1 / value
   ⑥    except ZeroDivisionError:
   ⑦        print('エラー発生')
   ⑧    finally:
   ⑨        print(answer)

   ⑩    print('処理終了')
```

except節に対応する例外を指定した場合、指定した以外の種類のエラーには対応しません。

索引

監修者プロフィール

株式会社ビープラウド

ビープラウドは2008年にPythonを主言語として採用、優秀なPythonエンジニアがより力を発揮できる環境作りに努めています。Pythonに特化したオンライン学習サービス「PyQ（パイキュー）」、システム開発者向けクラウドドキュメントサービス「TRACERY（トレーサリー）」、研修事業などを通して技術・ノウハウを発信しています。また、IT勉強会支援プラットフォーム「connpass（コンパス）」の開発・運営や勉強会「BPStudy」の主催など、コミュニティ活動にも積極的に取り組んでいます。

・ Webサイト：https://www.beproud.jp/
・ PyQ：https://pyq.jp/
・ TRACERY：https://tracery.jp
・ connpass：https://connpass.com/
・ BPStudy：https://bpstudy.connpass.com/

著者プロフィール

リブロワークス

書籍の企画、編集、デザインを手がけるプロダクション。手がける書籍はスマートフォン、Webサービス、プログラミング、WebデザインなどIT系を中心に幅広い。著書に『スラスラ読めるPythonふりがなプログラミング』（インプレス）、『やさしくわかるPythonの教室』（技術評論社）、『みんなが欲しかった！ ITパスポートの教科書&問題集 2021年度』（TAC出版）など。

・ https://www.libroworks.co.jp

STAFF

カバーデザイン	風間 篤士（リブロワークス デザイン室）
ブックデザイン	リブロワークス デザイン室
DTP	リブロワークス デザイン室
編集・執筆	大津 雄一郎、平山 貴之（リブロワークス）
カバー・本文イラスト	Unberata
担当	伊佐 知子

解きながら学ぶ
Python つみあげトレーニングブック

2021年7月16日　初版第1刷発行

著者	リブロワークス
監修	株式会社ビープラウド
発行者	滝口 直樹
発行所	株式会社マイナビ出版
	〒101-0003　東京都千代田区一ツ橋2-6-3 一ツ橋ビル 2F
	TEL：0480-38-6872（注文専用ダイヤル）
	TEL：03-3556-2731（販売）
	TEL：03-3556-2736（編集）
	E-Mail：pc-books@mynavi.jp
	URL：https://book.mynavi.jp
印刷・製本	シナノ印刷株式会社